建筑基桩检测技术和鉴定

中国建设教育协会　中国建筑科学研究院　组织编写

唐建中　金　鸣　刘　杰　主编

中国建筑工业出版社

图书在版编目（CIP）数据

建筑基桩检测技术和鉴定/唐建中等主编. —北京：
中国建筑工业出版社，2015.9
ISBN 978-7-112-18321-0

Ⅰ.①建… Ⅱ.①唐… Ⅲ.①建筑工程-桩基础-检
测 Ⅳ.①TU753.3

中国版本图书馆 CIP 数据核字（2015）第 173159 号

本书是由中国建设教育协会和中国建筑科学研究院组织编写，由具有深厚理论知识和丰富的建筑基桩现场检测和鉴定经验的科研人员、工程人员执笔完成的专业技术图书。

本书全面介绍了建筑基桩检测技术、检测方法、检测手段，适合广大基桩鉴定、检测人员和建筑工程质量监督人员阅读使用。也可作为大专院校相关专业师生的教学参考用书。

责任编辑：张伯熙　万　李
责任设计：张　虹
责任校对：李美娜　姜小莲

建筑基桩检测技术和鉴定
中国建设教育协会　中国建筑科学研究院　组织编写
唐建中　金　鸣　刘　杰　主编

*

中国建筑工业出版社出版、发行（北京西郊百万庄）
各地新华书店、建筑书店经销
霸州市顺浩图文科技发展有限公司制版
北京市安泰印刷厂印刷

*

开本：787×1092 毫米　1/16　印张：9¼　字数：221 千字
2015 年 10 月第一版　2015 年 10 月第一次印刷
定价：**30.00 元**
ISBN 978-7-112-18321-0
（27560）

本书编委会

主　　编：唐建中　金　鸣　刘　杰

副主编：朱　光　黄秋宁

编　　委：李　奇　蔚峰炯　黄树情

　　　　　仇海洋　周小英　樊　军

中国建设教育协会简介

中国建设教育协会成立于1992年，是经民政部注册具有法人资格的一级社会团体。协会隶属住房城乡建设部，是由建设教育有关部门、单位、团体、机构自愿参加的非营利性的专业社会团体。在业务主管部门的领导下，为全国建设教育工作者服务，是政府联系企业、院校和培训机构的桥梁，是建设教育主管部门的参谋和助手。英文译名为CHINA ASSOCIATION OF CONSTRUCTION EDUCATION，缩写为CACE。

本协会坚持"百花齐放，百家争鸣"方针和教育要面向现代化、面向世界、面向未来的指导思想，发扬实事求是、理论联系实际的作风，团结组织全国建设教育工作者开展学术研究、协作交流、专业培训、工作咨询和社会服务，积极推进教育教学改革，为提高建设职工队伍的素质，培养高质量的建设人才，发展社会主义建设教育事业服务。

前　　言

随着我国工程建设法律、法规、标准规范的不断健全，建筑工程质量已成为社会关注的焦点和行业主管部门工作的重点。近年来随着基桩检测人员队伍扩大，新标准、新技术的不断提升，对本行业拥有新技术知识专业人才的需求更加迫切，急需培养一批高水平、高素质的基桩鉴定、检测专业技术的人才队伍。为促进我国工程质量监督、鉴定和检测工作的健康发展，提高我国建设工程质量监督、鉴定和检测的效率和质量，针对我国当前工程质量监督、检测工作中存在的问题，中国建设教育协会培训中心组织编写了本书。

本书重点对基桩的设计原理、施工工艺、鉴定原则和动测法的应力波理论、波动方程、传感器特性、安装、信号采集等作了较为详细的介绍，使鉴定、检测人员能准确地理解和运用好现行规范和标准，提高从业人员通过应力波在桩、土系统中传播反射信号的采集、处理、分析来评定桩身的完整性和承载力的准确性，并帮助从业人员正确认识缺陷原因，避免误判。

本书可作为广大基桩鉴定、检测人员，建筑工程质量监督站，房屋质量检测站，危房鉴定办公室，加固工程公司，公路、铁路专业工程的技术人员和管理人员学习的培训教材，也可作为大专院校相关专业学生的参考用书。

本书第二、三章由唐建中执笔，其他章节由金鸣执笔。由于时间仓促，加上作者水平有限，书中的错误和不当之处恳请读者批评指正。

目　录

第一章 绪 论

随着我国城镇人口不断聚集，城市人口密度不断增加。人们对于生活、工作条件和环境的需求不断改善，致使部分区域土地使用极度紧张。人们为了解决这个问题，使得建筑物的建造不断向地上空间和地下发展。由于天然地基无法承担所建造高层建筑物的荷载，因而产生了不同的建筑基础形式，用以承担不断增大的荷载。桩基础就是现代常用的基础形式之一。同时，桩基础的桩型尺寸和承载力也不断加大。

桩是由人工将刚性或半刚性材料设置于天然岩土中的柱状体。

桩基础是由设置于岩土中的桩和与桩顶连接的承台共同组成的基础或由柱与桩直接连接的单桩基础。

桩基础按照其材料、施工方式、外形尺寸、受力状态可分为：木桩、竹桩、砂桩、碎石桩、水泥土桩、素混凝土桩、钢筋混凝土桩、钢桩；挤土桩、部分挤土桩、非挤土桩；小直径桩（$d \leqslant 250mm$）、中等直径桩（$250mm < d < 800mm$）、大直径桩（$d \geqslant 800mm$）；端承桩、端承摩擦桩、摩擦端承桩、摩擦桩、抗压桩、抗拔桩、抗水平桩、复合桩等。

第一节 桩基础在建筑物中的作用

桩基础是为了承担各种不同的荷载而设置的一种基础。这些荷载主要包括：建筑物自重荷载，人和建筑物内的物体活荷载，自然界产生的如风荷载、雪荷载、地震荷载等。这些荷载对于桩基础施加不同形式作用方向，如：垂直向下、垂直向上、水平方向、斜方向等。

由于桩基础是人工方法施工于天然岩土中，故所有荷载是由桩基础与桩间土共同承担。通过以往桩基检测试验结果表明：在不同地质条件下，桩基础可承担荷载的85%～95%；而桩间土可承担的5%～15%荷载。为了更好地发挥天然地基各层岩土的承载能力，在桩基础设计计算时，根据不同的地质条件，考虑选用一定的桩和桩型尺寸，以及不同的桩基础施工工艺承担上部荷载。

第二节 基桩受力机理

1. 基桩

基桩是桩基础中的单桩。为了了解桩基础在受荷载作用下，荷载力传递的过程和机理，我们以基桩受力单元来进行分析。

2. 静荷载作用方式

传递到基桩上的静荷载分为：同方向连续逐渐施加、往复循环加卸施加和复合式施加荷载法。

所谓同方向连续逐渐施加法是指：竖向方向施加垂直荷载（包括抗压和抗拔）、水平施加荷载。这种荷载为连续逐渐施加，且保持一个方向。

往复循环加卸施加法是指：施加的荷载沿某一直线方向往复变化，如模拟风载、地震荷载的作用形式。

复合式施加荷载法是指：受力方向多变，且荷载大小也多变。

3. 动荷载作用方式

基桩所承受的荷载为瞬间或持续的动力荷载。在动力荷载作用下，基桩承受瞬间冲击荷载，基桩的桩周土和桩端岩土的阻力瞬间发挥；基桩承受持续荷载，基桩的桩周土和桩端岩土的阻抗持续发挥。

4. 静荷载传递过程

以连续逐渐加载为例：桩周土为弹塑性体，在荷载由小到大逐渐施加过程中，当荷载较小时，桩顶浅部的桩周土摩阻力开始发挥作用——弹性静止摩擦，此时桩深部无轴向力。随着荷载增大，桩顶浅部的桩与桩周土开始出现剪切变形，由弹性静止摩擦转向剪切滑动摩擦——塑性滑动摩擦。此时基桩中部出现轴力，弹性静止摩擦阻力发挥作用，桩端还未有轴力。荷载进一步加大到接近桩的极限值时，基桩顶部、中部均由静止摩擦转为滑动摩擦，荷载由桩顶逐渐传递到基桩底部，基桩端部阻抗开始发挥作用。当荷载超过极限值时，基桩端部阻抗也超过极限。此时不仅基桩周围土体与基桩达到滑动摩擦，且桩端也出现刺入变形，荷载达到破坏值。

5. 基桩的极限侧摩阻力

基桩周围土体的各层土的极限摩阻力值。以某一深度某一层土为例：在基桩承受荷载逐渐施加过程中，该层土由未提供摩阻力到开始提供土阻抗，随着荷载逐渐增大，阻抗也逐渐增大，直至摩阻力由静止摩擦转换到滑动摩擦，土阻抗减小到一个常数值，而这个过程中的摩擦阻抗峰值，即为这层土的极限摩阻力值。此值也是确定基桩内力试验的目的。

第二章 鉴定标准[1]

桩基的鉴定只是房屋建筑鉴定的一部分，无专门的桩基鉴定标准和规范。在对已建民用建筑（指已建成二年以上且已投入使用的建筑物）的可靠性安全鉴定（其中包括危房鉴定及其他应急鉴定）涉及地基基础（桩基）的安全性鉴定，故本章主要将《民用建筑可靠性鉴定标准》（GB 50292—1999，以下简称《标准》）中一些与地基基础（桩基）鉴定相关的内容作简单介绍，至于工业建筑的地基基础（桩基）可参照《工业建筑可靠性鉴定标准》GB 50144—2008。

第一节 鉴定标准术语和符号

1. 鉴定单元

根据被鉴定建筑物的构造特点和承重体系的种类而将该建筑物划分成一个或若干个可以独立进行鉴定的区段，每一区段为一鉴定单元。

简单地说，就是将同一结构形式、基础形式和基本相同高度（荷载）的建筑物划为一个鉴定单元。如：七层建筑物：结构形式为框架，采用独立基础，可划为同一鉴定单元。但该七层建筑物，部分为框架结构，部分为砌体结构，则不宜划为同一鉴定单元。

2. 子单元

鉴定单元中细分的单元一般可按地基基础、上部承重结构和围护系统划分为三个子单元。

地基基础子单元分地基部分和基础部分，桩基属基础部分。

3. 构件

子单元中可以进一步细分为基本鉴定单位。它可以是单件、组合件或一个片段。

《标准》附录 D 中有关民用建筑基础部分单个构件的划分如下：

基础

1）独立基础一个基础为一个构件；

2）墙下条形基础一个自然间的一轴线为一构件；

3）带壁柱墙下条形基础按计算单元的划分确定；

4）单桩一根为一构件；

5）群桩一个承台及其所含的基桩为一构件；

6）筏形基础和箱形基础一个计算单元为一构件。

4. 符号

(1) a_u、b_u、c_u、d_u——构件或其检查项目的安全性等级；

(2) A_u、B_u、C_u、D_u——子单元或其中某组成部分的安全性等级；

(3) A_{su}、B_{su}、C_{su}、D_{su}——鉴定单元安全性等级。

第二节　鉴定分类、程序和调查

1. 民用建筑可靠性鉴定可分为安全性鉴定和正常使用性鉴定。

（1）在下列情况下应进行可靠性鉴定

1）建筑物大修前的全面检查；

2）重要建筑物的定期检查；

3）建筑物改变用途或使用条件的鉴定；

4）建筑物超过设计基准期继续使用的鉴定；

5）为制订建筑群维修改造规划而进行的普查。

（2）在下列情况下可仅进行安全性鉴定

1）危房鉴定及各种应急鉴定；

2）房屋改造前的安全检查；

3）临时性房屋需要延长使用期的检查；

4）使用性鉴定中发现的安全问题。

（3）在下列情况下可仅进行正常使用性鉴定

1）建筑物日常维护的检查；

2）建筑物使用功能的鉴定；

3）建筑物有特殊使用要求的专门鉴定。

本书重点讨论桩基的安全性鉴定问题。

2. 鉴定程序

民用建筑可靠性鉴定，应按下列图框规定的程序（图2-1）进行，鉴定目的、范围和内容应根据委托方提出的鉴定原因和要求，经初步调查后确定。

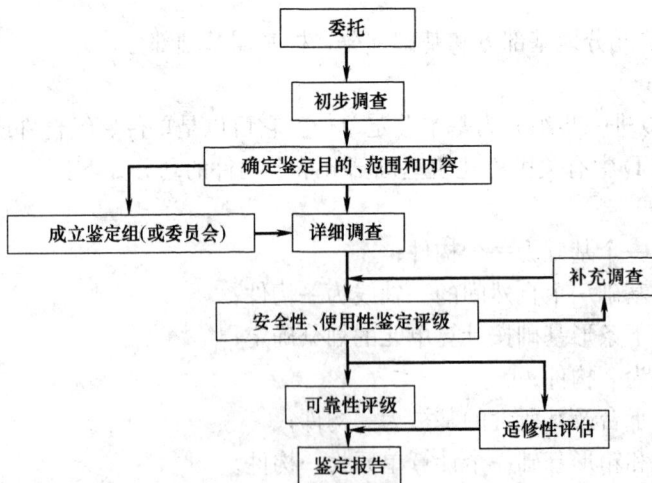

图 2-1　鉴定程序

3. 鉴定调查

（1）初步调查

4

1）图纸资料：如岩土工程勘察报告、设计计算书、设计变更记录施工图、施工及施工变更记录、竣工图、竣工质检及验收文件（包括隐蔽工程验收记录）、定点观测记录、事故处理报告、维修记录、历次加固改造图纸等。

2）建筑物历史：如原始施工，历次修缮、改造、用途变更，使用条件改变以及受灾等情况。

3）考察现场：按资料核对实物、调查建筑物实际使用条件和内外环境、查看已发现的问题从而听取有关人员的意见等。

4）填写初步调查表（格式如《标准》附录所示）。

5）制定详细调查计划及检测、试验工作大纲并提出需由委托方完成的准备工作。

（2）详细调查

1）结构基本情况勘查；

2）结构上的作用；

3）建筑物内外环境；

4）使用史（含荷载史）；

5）地基基础（桩基础）检查；

6）场地类别与地基土（包括土层分布及下卧层情况）；

7）地基稳定性（斜坡）；

8）地基变形，或其在上部结构中的反应；

9）评估地基承载力的原位测试及室内物理力学性质试验；

10）基础和桩的工作状态（包括开裂、腐蚀和其他损坏的检查）；

11）其他因素（如地下水抽降、地基浸水、水质、土壤腐蚀等）的影响或作用；

12）材料性能检测分析；

13）建筑物的裂缝分布；

14）结构整体性；

15）建筑物侧向位移包括基础转动和局部变形；

16）易受结构位移影响的管道系统检查。

第三节　鉴定评级的层次、等级划分和工作内容

1. 安全性鉴定评级应按构件子单元和鉴定单元各分三个层次。每一层次分为四个安全性等级，并应按表2-1规定的检查项目和步骤，从第一层开始分层进行。

安全性鉴定评级的层次、等级划分及工作内容　表2-1

层次		一	二		三
层名		构件	子单元		鉴定单元
安全性鉴定	等级	a_u　b_u　c_u　d_u	A_u　B_u　C_u　D_u		A_{su}　B_{su}　C_{su}　D_{su}
	地基基础	—	按地基变形或承载力、地基稳定性（斜坡）等检查项目评定地基等级	地基基础评级	鉴定单元安全性评级
		按同类材料构件各检查项目评定单个基础等级	每种基础评级		

(1) 根据构件各检查项目评定结果确定单个构件等级；

(2) 根据子单元各检查项目及各种构件的评定结果确定子单元等级；

(3) 根据各子单元的评定结果确定鉴定单元等级。

2. 若发现调查资料不足应及时组织补充调查。

第四节　鉴定评级标准

安全性鉴定评级的各层次分级标准应按表 2-2 的规定采用。

安全性鉴定评级的各层次分级标准   表 2-2

层次	鉴定对象	等级	分级标准	处理要求
一	单个构件或其检查项目	a_u	安全性符合本标准对 a_u 级的要求,具有足够的承载能力	不必采取措施
		b_u	安全性略低于本标准对 a_u 级的要求,尚不显著影响承载能力	可不采取措施
		c_u	安全性不符合本标准对 a_u 级的要求,显著影响承载能力	应采取措施
		d_u	安全性极不符合本标准对 a_u 级的要求,已严重影响承载能力	必须及时或立即采取措施
二	子单元的检查项目	A_u	安全性符合本标准对 A_u 级的要求,具有足够的承载能力	不必采取措施
		B_u	安全性略低于本标准对 A_u 级的要求,尚不显著影响承载能力	可不采取措施
		C_u	安全性不符合本标准对 A_u 级的要求,显著影响承载能力	应采取措施
		D_u	安全性极不符合本标准对 A_u 级的要求,已严重影响承载能力	必须及时或立即采取措施
	子单元的每种构件	A_u	安全性符合本标准对 A_u 级的要求,不影响整体承载	可不采取措施
		B_u	安全性略低于本标准对 A_u 级的要求,尚不显著不影响整体承载	可能有极个别构件应采取措施
		C_u	安全性不符合本标准对 A_u 级的要求,显著影响整体承载	应采取措施,且可能有个别构件必须立即采取措施
		D_u	安全性极不符合本标准对 A_u 级的要求,已严重影响整体承载	必须立即采取措施
	子单元	A_u	安全性符合本标准对 A_u 级的要求,不影响整体承载	可能有个别一般构件应采取措施
		B_u	安全性略低于本标准对 B_u 级的要求,尚不显著不影响整体承载	可能有极少数应采取措施
		C_u	安全性不符合本标准对 C_u 级的要求,显著影响整体承载	应采取措施,且可能有极少数必须立即采取措施
		D_u	安全性极不符合本标准对 D_u 级的要求,严重影响整体承载	必须立即采取措施

层次	鉴定对象	等级	分 级 标 准	处 理 要 求
三	鉴定单元	A_{su}	安全性符合本标准对 A_{su} 级的要求,不影响整体承载	可能有极少数一般构件应采取措施
		B_{su}	安全性略低于本标准对 A_{su} 级的要求,尚不显著不影响整体承载	可能有极少数构件应采取措施
		C_{su}	安全性不符合本标准对 A_{su} 级的要求,显著影响整体承载	应采取措施,且可能有极少数构件必须立即采取措施
		D_{su}	安全性严重不符合本标准对 A_{su} 级的要求,严重影响整体承载	必须立即采取措施

第五节 构件安全性鉴定评级

桩基的安全性鉴定评级,可参照《标准》中混凝土结构构件的规定评定。

1. 当验算桩基承载能力时,应遵守下列规定

(1) 桩基验算采用的分析方法应符合国家现行设计规范的规定。

(2) 桩基验算使用的计算模型应符合其实际受力与构造状况。

(3) 桩基上的作用应经调查或检测核实并应按《标准》附录的规定取值。

(4) 桩基作用效应的确定应符合下列要求

1) 作用的组合作用的分项系数及组合值系数应按现行国家标准《建筑结构荷载规范》GB 50009—2013 的规定执行。

2) 当桩基受到温度变形等作用且对其承载有显著影响时应计入由之产生的附加内力。

(5) 桩基材料强度的标准值应根据桩基的实际状态按下列原则确定

1) 若原设计文件有效且不怀疑桩基有严重的性能退化或设计施工偏差可采用原设计的标准值。

2) 若调查表明实际情况不符合上款的要求,应按《标准》规定进行现场检测,并按《标准》附录的规定确定其标准值。

(6) 桩基几何参数应采用实测值并应计入锈蚀腐蚀腐朽虫蛀风化局部缺陷或缺损以及施工偏差等的影响。

(7) 当需检查设计责任时应按原设计计算书施工图及竣工图,重新进行一次复核。

2. 桩基安全性鉴定采用的检测数据应符合下列要求

(1) 检测方法应按国家现行有关标准采用。当需采用不止一种检测方法同时进行测试时,应事先约定综合确定检测值的规则,不得事后随意处理。

(2) 检测应按《标准》附录划分的构件单位进行,并应有取样布点方面的详细说明。当测点较多时,尚应绘制测点分布图。

(3) 当怀疑检测数据有异常值时,其判断和处理应符合国家现行有关标准的规定,不得随意舍弃数据。

3. 当需通过荷载试验评估桩基的安全性时,应按现行专门标准进行。若检验合格,可根据其完好程度,定为 a_u 级或 b_u 级;若检验不合格,可根据其严重程度,定为 c_u 级

或 d_u 级。

4. 当建筑物中的构件符合下列条件时可不参与鉴定

（1）该基桩未受结构性改变、修复、修理或用途或使用条件改变的影响。

（2）该基桩未遭明显的损坏。

（3）该基桩工作正常，且不怀疑其可靠性不足。

若考虑到其他层次鉴定评级的需要，而有必要给出该构件的安全性等级，可根据其实际完好程度定为 a_u 级或 b_u 级。

5. 当检查一种基桩的材料由于与时间有关的环境效应或其他系统性因素引起的性能退化时，允许采用随机抽样的方法，在该种基桩中确定 5～10 根基桩作为检测对象，并按现行的检测方法标准测定其材料强度或其他力学性能。

注：（1）当基桩总数少于 5 根时应逐根进行检测。

（2）当委托方对该种基桩的材料强度检测有较严的要求时也可通过协商适当增加受检基桩的数量。

6. 桩基的安全性鉴定，应按承载能力、构造以及不适于继续承载的位移（或变形）和裂缝等四个检查项目，分别评定每一受检基桩的等级，并取其中最低一级作为该基桩构件安全性等级。

当桩基的安全性按承载能力评定时，如结构设计无具体规定，可参照表 2-3 的规定，分别评定每一验算项目的等级，然后取其中最低一级作为该构件承载能力的安全性等级。

混凝土结构构件承载能力等级的评定表 表 2-3

构件类别	$R/\gamma_0 S$ 级			
	a_u 级	b_u 级	c_u 级	d_u 级
主要构件	≥1.0	≥0.95,且<1	≥0.90,且<0.95	<0.90
一般构件	≥1.0	≥0.90,且<1	≥0.85,且<0.90	<0.85

第六节　地基基础（桩基）安全性鉴定评级

1. 地基基础（子单元）的安全性鉴定包括地基、桩基和斜坡三个检查项目，以及基础和桩两种主要构件。

2. 当鉴定地基、桩基的安全性时应遵守下列规定

（1）一般情况下，宜根据地基、桩基沉降观测资料或其不均匀沉降在上部结构中的反应的检查结果进行鉴定评级。

（2）当现场条件适宜于按地基、桩基承载力进行鉴定评级时，可根据岩土工程勘察档案和有关检测资料的完整程度，适当补充近位勘探点，进一步查明土层分布情况，并采用原位测试和取原状土作室内物理力学性质试验的方法进行地基检验，根据以上资料并结合当地工程经验对地基、桩基的承载力进行综合评价。

若现场条件许可，尚可通过在基础或承台下进行载荷试验以确定地基（或桩基）的承载力。

（3）当发现地基受力层范围内有软弱下卧层时，应对软弱下卧层地基承载能力进行验算。

（4）对建造在斜坡上或毗邻深基坑的建筑物应验算地基稳定性。

3. 当有必要单独鉴定基础或桩的安全性时应遵守下列规定：

（1）对浅埋基础（或短桩）可通过开挖进行检测评定。

（2）对深基础（或桩）可根据原设计、施工、检测和工程验收的有效文件进行分析；也可向原设计、施工、检测人员进行核实；或者通过小范围的局部开挖取得其材料性能、几何参数和外观质量的检测数据。若检测中发现基础（或桩）有裂缝、局部损坏或腐蚀现象，应查明其原因和程度。根据以上核查结果对基础或桩身的承载能力进行计算分析和验算，并结合工程经验作出综合评价。

4. 当地基（或桩基）的安全性按地基变形（建筑物沉降）观测资料或其上部结构反应的检查结果评定时，应按下列规定评级

A_u 级：不均匀沉降小于现行国家标准《筑地基基础设计规范》GB 50007—2011 规定的允许沉降差；或建筑物无沉降裂缝、变形或位移。

B_u 级：不均匀沉降不大于现行国家标准《建筑地基基础设计规范》GB 50007—2011 规定的允许沉降差，且连续两个月地基沉降速度小于每月 2mm。或建筑物上部结构砌体部分虽有轻微裂缝，但无发展迹象。

C_u 级：不均匀沉降大于现行国家标准《建筑地基基础设计规范》GB 50007—2011 规定的允许沉降差，或连续两个月地基沉降速度大于每月 2mm。或建筑物上部结构砌体部分出现宽度大于 5mm 的沉降裂缝，预制构件之间的连接部位可出现宽度大于 1mm 的沉降裂缝，且沉降裂缝短期内无终止趋势。

D_u 级：不均匀沉降远大于现行国家标准《建筑地基基础设计规范》GB 50007—2011 规定的允许沉降差，连续两个月地基沉降速度大于每月 2mm，且尚有变快趋势。或建筑物上部结构的沉降裂缝发展明显，砌体的裂缝宽度大于 10mm；预制构件之间的连接部位的裂缝大于 3mm；现浇结构个别部位也已开始出现沉降裂缝。

注：该沉降标准仅适用于建成已 2 年以上且建于一般地基土上的建筑物；对建在高压缩性黏性土或其他特殊性土地基上的建筑物，此年限宜根据当地经验适当加长。

需要特别说明的是，虽然《标准》规定以上评定等级的原则，但对于 C_u、D_u 的评级应慎重，应综合考虑设计、施工及周边环境影响等因素进行评级，因一旦被冠以 C_u 级，按《标准》规定应采取（加固）措施；如被冠以 D_u 级，按《标准》规定应必须及时或立即采取措施，措施除加固外，还包括拆除。

5. 当地基或桩基的安全性按其承载能力评定时可根据《标准》规定的检测或计算分析结果，采用下列标准评级

（1）当承载能力符合现行国家标准《建筑地基基础设计规范》GB 50007—2011 或现行行业标准《建筑桩基技术规范》JGJ 94—2008 的要求时，可根据建筑物的完好程度评为 A_u 级或 B_u 级。

（2）当承载能力符合现行国家标准《建筑地基基础设计规范》GB 50007—2011 或现行行业标准《建筑桩基技术规范》JGJ 94—2008 的要求时，可根据建筑物损坏的严重程度评为 C_u 级或 D_u 级。

6. 当地基基础（或桩基础）的安全性按基础（或桩）评定时，宜根据下列原则进行鉴定评级

（1）对浅埋的基础或桩，宜根据抽样或全数开挖的检查结果，按《标准》第 4 章同类材料结构主要构件的有关项目评定每一受检基础或单桩的等级，并按样本中所含的各个等级基础（或桩）的百分比，按下列原则评定该种基础或桩的安全性等级。

A_u 级：不含 c_u 级及 d_u 级基础（或单桩），可含 b_u 级基础（或单桩），但含量不大于 30％。

B_u 级：不含 d_u 级基础（或单桩），可含 c_u 级基础（或单桩），但含量不大于 15％。

C_u 级：可含 d_u 级基础（或单桩），但含量不大于 5％。

D_u 级：d_u 级基础（或单桩）的含量不大于 5％。

注：当按此款的规定评定群桩基础时，括号中的单桩应改为基桩。

（2）对深基础（或深桩），若分析结果表明其承载能力（或质量）符合现行有关国家规范的要求，可根据其开挖部分的完好程度定为 A_u 级或 B_u 级；若承载能力（或质量）不符合现行有关国家规范的要求，可根据其开挖部分所发现问题的严重程度定为 C_u 级或 D_u 级。

（3）在下列情况下，可不经开挖检查而直接评定一种基础（或桩）的安全性等级。

1）当地基（或桩基）的安全性等级已评为 A_u 级或 B_u 级，且建筑场地的环境正常时，可取与地基（或桩基）相同的等级。

2）当地基（或桩基）的安全性等级已评为 C_u 级或 D_u 级，且根据经验可以判断基础或桩也已损坏时，可取与地基（或桩基）相同的等级。

7. 当地基基础的安全性按地基稳定性（斜坡）项目评级时，应按下列标准评定

A_u 级：建筑场地地基稳定，无滑动迹象及滑动史。

B_u 级：建筑场地地基在历史上曾有过局部滑动，经治理后已停止滑动，且近期评估表明，在一般情况下不会再滑动。

C_u 级：建筑场地地基在历史上发生过滑动，目前虽已停止滑动，但若触动诱发因素，今后仍有可能再滑动。

D_u 级：建筑场地地基在历史上发生过滑动，目前又有滑动或滑动迹象。

8. 地基基础（子单元）的安全性等级，应根据对地基基础（或桩基、桩身）和地基稳定性的评定结果，按其中最低一级确定。

本章参考文献

[1] 中华人民共和国国家标准. 民用建筑可靠性鉴定标准 GB 50292—1999 [S]. 北京：中国建筑工业出版社，1999.

第三章 基桩鉴定、检测的相关知识——设计和施工[1]

对于桩基的鉴定、检测工作，除了须具备现场测试和资料分析能力外，还应了解桩基设计和施工知识，特别是出现桩基质量事故时，鉴定、检测人员起码应对设计要求和施工工艺有一个基本理解。对设计人员、施工人员能进行很好地交流，初步弄清桩基缺陷的原因——设计原因还是施工原因。这就需要鉴定、检测人员熟悉桩基的设计原则和基本计算，了解桩基的一些施工工艺。

第一节 地基基础（桩基）的概念

地基：支撑基础的土体或岩体。

基础：将结构所承受的各种作用传递到地基上的结构组成部分。

桩基：由设置于岩土中的桩和与桩顶联结的承台共同组成的基础或由柱与桩直接联结的单桩基础。

复合桩基：由基桩和承台下地基土共同承担荷载的桩基础。

基桩：桩基础中的单桩。

复合基桩：单桩及其对应面积的承台下地基土组成的复合承载基桩。

从上述地基基础（桩基）的概念，我们应注意下面几点

（1）桩基属基础范畴，有桩和承台共同组成，也可以自成一体成为单桩基础；

（2）基桩特指桩基础中的个体，不能称基桩基础；

（3）复合桩基和复合地基虽然均为桩和桩间土共同承担荷载，但区别很大：首先，桩基与承台或上部结构（柱）通过钢筋连接，荷载直接传到桩上，桩产生沉降后，桩间土才能发挥作用，一般情况下（摩擦桩）桩间土承担荷载二至三成；而复合地基一般与基础间有褥垫层，荷载传递通过褥垫层传至桩和桩间土；荷载传递初期，一般较大比例的荷载传给桩间土，待桩间土产生变形后，由褥垫层的不断调整，桩上的荷载逐渐增大，桩与桩间土的荷载分配比例与荷载大小、桩间土的承载力及桩的刚度等有关。

第二节 桩基的设计等级

《建筑桩基技术规范》JGJ 94—2008（以下简称《桩基规范》）根据建筑规模、功能特征、对差异变形的适应性、场地地基和建筑物体型的复杂性以及由于桩基问题可能造成建筑破坏或影响正常使用的程度，桩基设计分为表 3-1 所列的三个设计等级。

设计等级与勘察、设计原则、计算内容及桩基承载力的确定方式有关。桩基承载力的确定原则简单地可表述为：设计等级为甲、乙级桩基水平承载力应由试验确定；设计等级为甲级的桩基竖向承载力应由试验确定，乙级桩基有可靠地方经验时可以由其他方法确定。

设计等级	建 筑 类 型
甲级	(1)重要的建筑 (2)30 层以上或高度超过 100m 的高层建筑 (3)体型复杂且层数相差超过 10 层的高低层(含纯地下室)连体建筑 (4)20 层以上框架—核心筒结构及其他对差异沉降有特殊要求的建筑 (5)场地和地基条件复杂的 7 层以上的一般建筑及坡地、岸边建筑 (6)对相邻既有工程影响较大的建筑
乙级	除甲级、丙级以外的建筑
丙级	场地和地基条件简单、荷载分布均匀的 7 层及 7 层以下的一般建筑

第三节　桩基的荷载传递机理及设计思路

对桩荷载传递机理的深刻认识，能抓住桩基设计和施工的重点，也为桩基鉴定和检测明确了方向。

由图 3-1 (b) 可知，桩的沉降在桩顶最大，其包含桩身的弹性变形和桩端的刺入；桩的摩阻力分布近似抛物线，而非设计采用的直线分布，越往下越趋减小；桩身轴力分布表明 (图 3-1 (d))，桩顶的受荷最大 (实际上地震设防地区的桩顶受水平力也是最大)，规范要求桩顶部分采取箍筋加密和混凝土超灌措施。

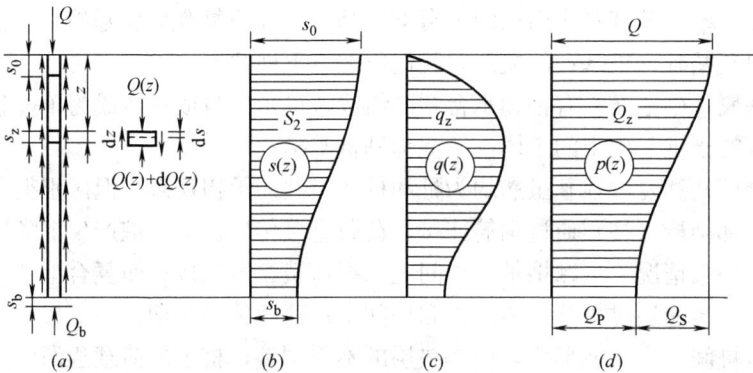

图 3-1　桩的荷载传递分析

(a) 轴向受压单桩及微分桩段的受力情况；(b) 桩身截面位移分布曲线；
(c) 桩周摩擦力分布曲线；(d) 桩身轴力分布曲线

图 3-2 示意了由桩的弹性位移、刚性位移和达到极限荷载时引起的桩周摩阻力分布形态。

图 3-3 表明由于负摩阻力的存在，桩身轴力的最大值不在桩顶，而在桩身位移为零 (或称桩身位移与土层竖向位移相等) 的截面上。这个截面只在桩实际工作状态 (建筑物荷载已施加于桩) 并出现负摩阻力时存在，试桩时并不存在。

图 3-4 表明桩基受荷工作时，桩周土一定范围均受桩剪应力影响，只是程度随离桩的

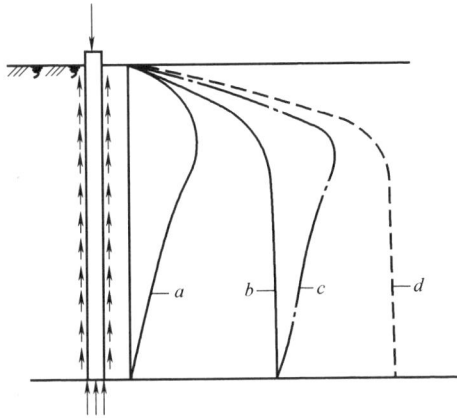

图 3-2 桩周摩阻力分布

a—由弹性位移产生的摩擦力；b—由刚性位移产生的摩擦力；

c—曲线 a 与曲线 b 叠加；d—达到极限荷载时的摩擦力分布

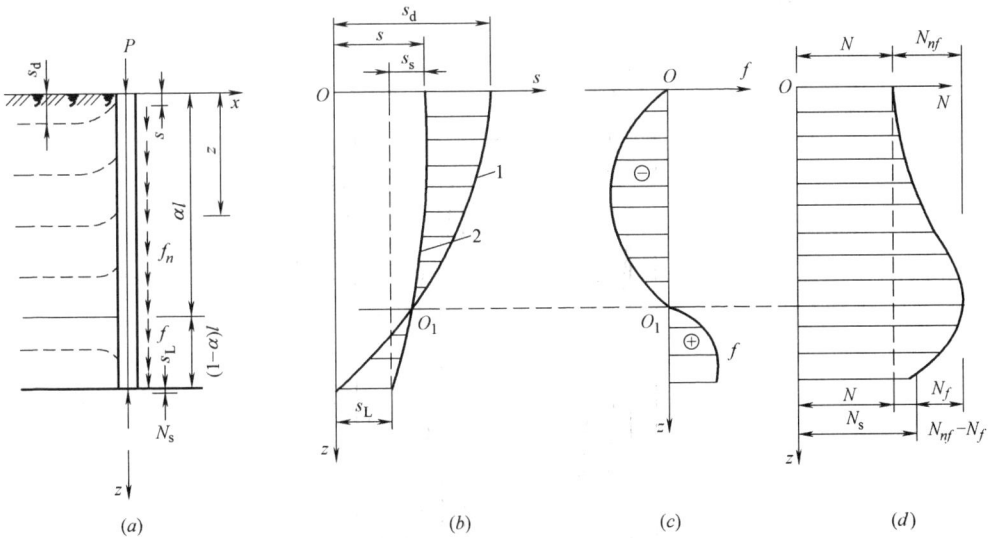

图 3-3 单桩产生负摩阻力时的荷载传递

(a) 单桩；(b) 位移曲线；(c) 桩侧摩擦力分布曲线；(d) 桩身轴力分布曲线

1—土层竖向位移曲线；2—桩的截面位移曲线

距离增大而减小；桩端土受荷也同浅基础一样，在桩端底部形成一个应力泡。这就提示：两（多）桩靠的太近，由于两（多）桩（端）周围的应力叠加，造成群桩整体承载力比单桩承载力之和小，被称为"群桩效应"。

另桩距小，还会在松散土和软土中造成穿孔（图 3-5），故桩基规范一般要求桩距不小于 3 倍桩径，但端承桩桩距在综合考虑桩长、桩距施工偏差（考虑 1/4d）和桩基垂直度施工要求（一般要求小于 1%）的情况下可适当减小（图 3-6），但不宜小于 2.5 倍桩距。

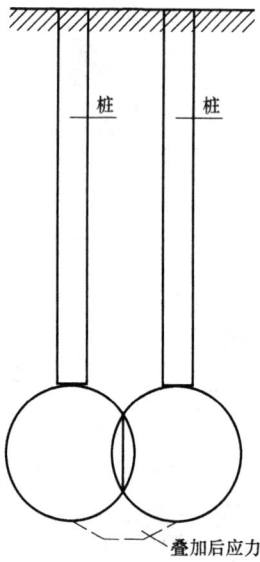

图 3-4　小桩距桩的应力叠加影响示意图

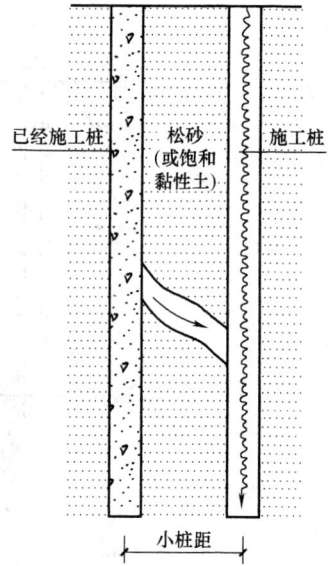

图 3-5　小桩距桩的串孔现象示意图

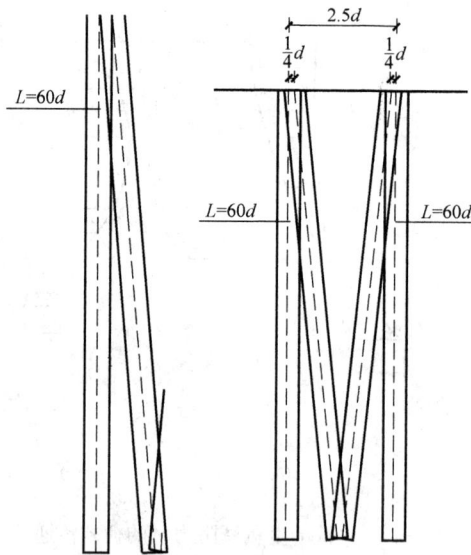

图 3-6　设计最小桩距示意图

第四节　桩 的 分 类

1. 按承载性状分类

（1）摩擦型桩

摩擦桩：在承载能力极限状态下，桩顶竖向荷载由桩侧阻力承受，桩端阻力小到可忽略不计。

端承摩擦桩：在承载能力极限状态下，桩顶竖向荷载主要由桩侧阻力承受。

（2）端承型桩：

端承桩：在承载能力极限状态下，桩顶竖向荷载由桩端阻力承受，桩侧阻力小到可忽略不计。

摩擦端承桩：在承载能力极限状态下，桩顶竖向荷载主要由桩端阻力承受。

桩在竖向荷载作用下，尤其强调的是在极限承载力状态下，桩顶荷载由桩侧阻力和端阻力共同承受，而桩侧阻力、桩端阻力的大小及分担荷载比例。主要由桩侧、桩端地基土的物理力性质，桩的尺寸和施工工艺所决定。传统的分类法是将桩分成摩擦桩和端承桩，很多设计者将摩擦桩视为只具有侧阻力，端承桩只具有端阻力，显然这是不符合实际的，规范按竖向荷载下桩土相互作用特点，桩侧阻力与桩端阻力的发挥程度和分担荷载比，将桩分为摩擦桩和端承型桩两大类和四个亚类。

在深厚的软弱土层中，无较硬的土层作为桩端持力层或桩端持力层虽然较硬但桩的长径比 l/d 很大，传递到桩端的轴力很小，以至在极限荷载作用下，桩顶荷载绝大部分由桩侧阻力承受，桩端阻力很小可忽略不计的桩，称其为摩擦桩。

当桩的 l/d 不很大，桩端持力层为较硬的黏性土、粉土和砂类土时，除桩侧阻力外，还有一定的桩端阻力。桩顶荷载由桩侧阻力和桩端阻力共同承担，但大部分由桩侧阻力承受的桩，称其为端承摩擦桩。这类桩所占比例很大。

桩端进入中密以上的砂土、碎石类土或中、微化岩层，桩顶极限荷载由桩侧阻力和桩端阻力共同承担，而主要由桩端阻力承受，称其为摩擦端承桩。

当桩的 l/d 较小（一般小于 10），桩身穿越软弱土层，桩端设置在密实砂层，碎石类土层中、微风化岩层中，桩顶荷载绝大部分由桩端阻力承受，桩侧阻力很小可忽略不计时，称其为端承桩。

对于嵌岩桩，桩侧与桩端荷载分担比与孔底沉渣及进入基岩深度有关，桩的长径比 l/d 不是制约荷载分担比的唯一因素。

从理论上说，只能根据桩侧和桩端的荷载分担比确定是摩擦桩还是端承桩，实际上可能还要考虑桩的荷载——位移特性。

桩基的地质勘查、桩的配筋、复合桩基应用及桩的负摩阻力计算等，应考虑摩擦桩和端承桩的区别。

2. 按成桩方法分类：

（1）非挤土桩：干作业法钻（挖）孔灌注桩、泥浆护壁法钻（挖）孔灌注桩、套管护壁法钻（挖）孔灌注桩。

（2）部分挤土桩：冲孔灌注桩、钻孔挤扩灌注桩、搅拌劲芯桩、预钻孔打入（静压）预制桩、打入（静压）式敞口钢管桩、敞口预应力混凝土空心桩和 H 形钢桩。

（3）挤土桩：沉管灌注桩、沉管夯（挤）扩灌注桩、打入（静压）预制桩、闭口预应力混凝土空心桩和闭口钢管桩。

这里主要说一下挤土桩的问题（图 3-7）。由于一些设计人员对挤土桩的特点了解不够，忽略了由此造成的危害。鉴定、检测和分析挤土桩事故原因时，主要考虑以下几方面：

1）在黏性土特别是饱和软黏土中大面积施打挤土桩（沉管桩），如不采取有效措施的

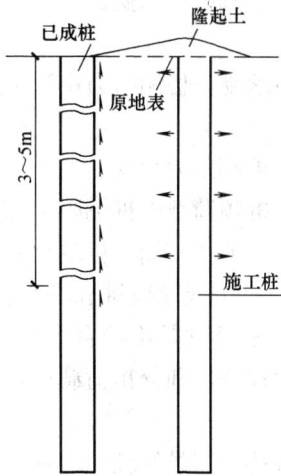

图 3-7　桩的挤土效应

话，极易造成桩挤偏、桩挤断、桩夹泥等情况，还会对周边环境造成不利影响。全国每年均有此类事故发生，严重的桩基报废，甚至整栋楼废弃。

2）挤土桩的穿砂（包括粉土尤其是砂质粉土）能力有限。一般对于松散砂或薄砂层下有软弱土层的地质条件可以穿透，较厚的砂层或粉土层，除非有实际施工经验，否则很难穿透或施工效率很低。

3）由于挤土原因，后施工桩（一般为挤土预制桩）可能会使已施工桩产生上浮或接头断裂现象。

一般解决这些问题的方法主要有：

① 施工时考虑打桩方向；

② 降低施工速率；

③ 采用引孔措施；

④ 采用隔离措施；

⑤ 进行施工过程监测。

上述引孔措施在大面积饱和软土中施工挤土桩效果不佳。如发现有隆起现象，应立即停工，查找原因，采取有效措施。一般桩间土隆起超过 10cm，桩有可能已出现问题；此类桩虽有缺陷，但对桩的竖向承载力影响可能并不大。桩间土如隆起超过 50cm，桩出现问题的概率已很大了，此时不仅可能已断桩还夹泥，而且断桩不止一处，承载力大受影响。

3. 按桩径（设计直径 d）大小分类：

（1）小直径桩：$d \leqslant 250mm$；

（2）中等直径桩：$250mm < d < 800mm$；

（3）大直径桩：$d \geqslant 800mm$。

大直径灌注桩由于桩径大，产生的孔壁松弛效应和桩端回弹导致承载力降低，故须折减。

一般较小桩径的摩擦桩比较经济。但对于直径小于等于 500mm 的灌注桩，由于桩本身垂直度影响、灌混凝土时钢筋笼和导管的影响，易造成钢筋笼难下、导管上拔困难和沉渣过厚等问题，设计时一般不建议采用。

第五节　桩基构造

1. 灌注桩构造配筋

（1）配筋率：当桩身直径为 300～2000mm 时，正截面配筋率可取 0.65%～0.2%（小直径桩取高值）；对受荷载特别大的桩、抗拔桩和嵌岩端承桩应根据计算确定配筋率，并不应小于上述规定值。

（2）配筋长度

1）端承型桩和位于坡地岸边的基桩应沿桩身等截面或变截面通长配筋。

2）桩径大于 600mm 的摩擦型桩配筋长度不应小于 2/3 桩长。

3）对于受地震作用的基桩，桩身配筋长度应穿过可液化土层和软弱土层，进入稳定土层的深度不应小于《建筑桩基技术规范》JGJ 94—2008（以下简称《桩基规范》）规定的深度。

4）受负摩阻力的桩，因先成桩后开挖基坑而随地基土回弹的桩，其配筋长度应穿过软弱土层并进入稳定土层，进入的深度不应小于（2～3）d；

5）抗拔桩及因地震作用、冻胀或膨胀力作用而受拔力的桩，应等截面或变截面通长配筋。

（3）对于受水平荷载的桩，主筋不应小于 8ϕ12；对于抗压桩和抗拔桩，主筋不应少于 6ϕ10；纵向主筋应沿桩身周边均匀布置，其净距不应小于 60mm；

（4）箍筋应采用螺旋式，直径不应小于 6mm，间距宜为 200～300mm；受水平荷载较大桩基、承受水平地震作用的桩基以及考虑主筋作用计算桩身受压承载力时，桩顶以下 5d 范围内的箍筋应加密，间距不应大于 100mm；当桩身位于液化土层范围内时箍筋应加密；当考虑箍筋受力作用时，箍筋配置应符合现行国家标准《混凝土结构设计规范》GB 50010—2010 的有关规定；当钢筋笼长度超过 4m 时，应每隔 2m 设一道直径不小于 12mm 的焊接加劲箍筋。

2. 桩身混凝土及混凝土保护层厚度应符合下列要求

（1）桩身混凝土强度等级不得小于 C25，混凝土预制桩尖强度等级不得小于 C30。

（2）灌注桩主筋的混凝土保护层厚度不应小于 35mm，水下灌注桩的主筋混凝土保护层厚度不得小于 50mm。

四类、五类环境中桩身混凝土保护层厚度应符合国家现行标准《港口工程混凝土结构设计规范》JTJ 267—1998、《工业建筑防腐蚀设计规范》GB 50046—2008 的相关规定。

3. 混凝土预制桩的构造要求

（1）混凝土预制桩的截面边长不应小于 200mm；预应力混凝土预制实心桩的截面边长不宜小于 350mm。

（2）预制桩的混凝土强度等级不宜低于 C30；预应力混凝土实心桩的混凝土强度等级不应低于 C40；预制桩纵向钢筋的混凝土保护层厚度不宜小于 30mm。

（3）预制桩的桩身配筋应按吊运、打桩及桩在使用中的受力等条件计算确定。采用锤击法沉桩时，预制桩的最小配筋率不宜小于 0.8%。静压法沉桩时，最小配筋率不宜小于 0.6%，主筋直径不宜小于 ϕ14，打入桩桩顶以下（4～5）d 长度范围内箍筋应加密，并设置钢筋网片。

（4）预制桩的分节长度应根据施工条件及运输条件确定；每根桩的接头数量不宜超过 3 个。

（5）预制桩的桩尖可将主筋合拢焊在桩尖辅助钢筋上，对于持力层为密实砂和碎石类土时，宜在桩尖处包以钢钣桩靴，加强桩尖。

4. 预应力混凝土空心预制桩

（1）预应力混凝土空心桩按截面形式可分为管桩、空心方桩，按混凝土强度等级可分为预应力高强混凝土管桩（PHC）、空心方桩（PHS）、预应力混凝土管桩（PC）和空心方桩（PS）。离心成型的先张法预应力混凝土桩的截面尺寸、配筋、桩身极限弯矩、桩身竖向受压承载力设计值等参数参照《桩基规范》附录 B 确定。

（2）预应力混凝土空心桩桩尖形式宜根据地层性质选择闭口形或敞口形；闭口形分为

平底十字形和锥形。

（3）预应力混凝土桩的连接可采用端板焊接连接、法兰连接、机械啮合连接、螺纹连接。每根桩的接头数量不宜超过 3 个。

综上所述，鉴定、检测时遇到缺陷和不合格桩时，可首先考虑桩是否满足桩的构造基本要求。

5. 桩端嵌入遇水易软化的强风化岩、全风化岩和非饱和土的预应力混凝土空心桩，沉桩后，应对桩端以上 2m 左右范围内采取有效的防渗措施，可采用微膨胀混凝土填芯或在内壁预涂柔性防水材料。

广东省的资料显示，一些建筑物建成几年后，出现了不同程度的不均匀沉降造成的开裂。主要原因有三个：

（1）均采用预应力管桩；

（2）桩侧土很多为淤泥或淤泥质土；

（3）桩端为遇水易软化的强风化岩、全风化岩。

第六节　单桩竖向抗压、竖向抗拔和水平承载力的确定原则

1. 设计采用的单桩竖向极限承载力标准值应符合下列规定

（1）设计等级为甲级的建筑桩基，应通过单桩静载试验确定。

（2）设计等级为乙级的建筑桩基，当地质条件简单时，可参照地质条件相同的试桩资料，结合静力触探等原位测试和经验参数综合确定；其余均应通过单桩静载试验确定。

（3）设计等级为丙级的建筑桩基，可根据原位测试和经验参数确定。

2. 单桩竖向极限承载力标准值、极限侧阻力标准值和极限端阻力标准值应按下列规定确定

（1）单桩竖向静载试验应按现行行业标准《建筑基桩检测技术规范》JGJ 106—2014 执行。

（2）对于大直径端承型桩，也可通过深层平板（平板直径应与孔径一致）载荷试验确定极限端阻力。

（3）对于嵌岩桩，可通过直径为 0.3m 岩基平板载荷试验确定极限端阻力标准值；也可通过直径为 0.3m 嵌岩短墩载荷试验确定极限侧阻力标准值和极限端阻力标准值。

（4）桩的极限侧阻力标准值和极限端阻力标准值宜通过埋设桩身轴力测试元件由静载试验确定。并通过测试结果建立极限侧阻力标准值和极限端阻力标准值与土层物理指标、岩石饱和单轴抗压强度以及与静力触探等土的原位测试指标间的经验关系，以经验参数法确定单桩竖向极限承载力。

3. 群桩基础及其基桩的抗拔极限承载力的确定应符合下列规定

（1）对于设计等级为甲级和乙级建筑桩基，基桩的抗拔极限承载力应通过现场单桩上拔静载荷试验确定。单桩上拔静载荷试验及抗拔极限承载力标准值取值可按现行行业标准《建筑基桩检测技术规范》JGJ 106—2014 进行。

（2）如无当地经验时，群桩基础及设计等级为丙级建筑桩基，基桩的抗拔极限载力取值可按《建筑桩基技术规范》JGJ 94—2008 有关公式计算确定。

（3）当桩有抗裂设计要求时，检测桩时荷载的施加不应超过桩身抗裂要求所对应的荷载；确定桩抗拔承载力时应符合抗裂设计要求。

（4）按桩基变形量控制设计时，确定桩抗拔承载力时应满足允许变形量的设计要求。

4. 单桩的水平承载力特征值的确定应符合下列规定

（1）对于受水平荷载较大的设计等级为甲级、乙级的建筑桩基，单桩水平承载力特征值应通过单桩水平静载试验确定，试验方法可按现行行业标准《建筑基桩检测技术规范》JGJ 106—2014 执行。

（2）对于钢筋混凝土预制桩、钢桩、桩身配筋率不小于0.65%的灌注桩，可根据静载试验结果取地面处水平位移为10mm（对于水平位移敏感的建筑物取水平位移6mm）所对应的荷载的75%为单桩水平承载力特征值。

（3）对于桩身配筋率小于0.65%的灌注桩，可取单桩水平静载试验的临界荷载的75%为单桩水平承载力特征值。

（4）当桩有抗裂设计要求时，确定桩水平承载力时应符合抗裂设计要求。

（5）按桩基变形量控制设计时，确定桩水平承载力时应满足允许变形量的设计要求。

上述所说的临界荷载，一般指出现裂缝时的荷载（相关规范取静载试验裂缝开展前一级荷载），所以检测时应特别留意桩的开裂时间点，通常荷载位移曲线会出现抖动，即有拐点出现。

第七节　桩　基　计　算

作为鉴定、检测人员，除了会做试验、会写检测报告外，还应了解和掌握一些基本的桩基计算，以便对理解桩基的承载力内涵和正确分析基桩缺陷打下坚实的基础。

1. 桩顶作用效应计算

（1）对于一般建筑物和受水平力（包括力矩与水平剪力）较小的高层建筑群桩基础，可按常规计算方法。

（2）对于主要承受竖向荷载的抗震设防区低承台桩基，在同时满足下列条件时，桩顶作用效应计算可不考虑地震作用：

1）按现行国家标准《建筑抗震设计规范》GB 50011—2010 规定可不进行桩基抗震承载力验算的建筑物。

2）建筑场地位于建筑抗震的有利地段。

对于桩基不考虑地震作用的条件，《桩基规范》比《建筑抗震设计规范》GB 50011—2010 要严。

（3）属于下列情况之一的桩基，计算各基桩的作用效应、桩身内力和位移时，宜考虑承台（包括地下墙体）与基桩协同工作和土的弹性抗力作用，其计算方法可按《桩基规范》附录C进行：

1）位于8度和8度以上抗震设防区的建筑，当其桩基承台刚度较大或由于上部结构与承台协同作用能增强承台的刚度时。

2）其他受较大水平力的桩基。

对于带承台的桩基础，试验时可以对连接承台的桩一起加荷，以此综合反映桩的实际工作状态。

2. 桩基竖向承载力计算

桩基竖向承载力计算应符合下列要求

（1）荷载效应标准组合

轴心竖向力作用下

$$N_k \leqslant R \qquad (3.7.1)$$

偏心竖向力作用下除满足上式外，尚应满足下式的要求：

$$N_{kmax} \leqslant 1.2R \qquad (3.7.2)$$

（2）地震作用效应和荷载效应标准组合

轴心竖向力作用下

$$N_{Ek} \leqslant 1.25R \qquad (3.7.3)$$

偏心竖向力作用下，除满足上式外，尚应满足下式的要求：

$$N_{Ekmax} \leqslant 1.5R \qquad (3.7.4)$$

式中　N_k——荷载效应标准组合轴心竖向力作用下，基桩或复合基桩的平均竖向力；

　　　N_{kmax}——荷载效应标准组合偏心竖向力作用下，桩顶最大竖向力；

　　　N_{Ek}——地震作用效应和荷载效应标准组合下，基桩或复合基桩的平均竖向力；

　　N_{Ekmax}——地震作用效应和荷载效应标准组合下，基桩或复合基桩的最大竖向力；

　　　　R——基桩或复合基桩竖向承载力特征值。

（3）单桩竖向承载力特征值 R_a 应按下式确定

$$R_a = \frac{1}{K} Q_{uk} \qquad (3.7.5)$$

式中　Q_{uk}——单桩竖向极限承载力标准值；

　　　K——安全系数，取 $K=2$。

（4）单桩竖向承载力计算及桩身强度验算

当根据土的物理指标与承载力参数之间的经验关系确定单桩竖向极限承载力标准值时，宜按下式估算

$$Q_{uk} = Q_{sk} + Q_{pk} = u \sum q_{sik} l_i + q_{pk} A_p \qquad (3.7.6)$$

式中　q_{sik}——桩侧第 i 层土的极限侧阻力标准值，如无当地经验时，可按《桩基规范》表 5.3.5-1 取值；

　　　q_{pk}——极限端阻力标准值，如无当地经验时，可按《桩基规范》表 5.3.5-2 取值。

（5）钢筋混凝土轴心受压桩正截面受压承载力应符合下列规定：

1）当桩顶以下 $5d$ 范围的桩身螺旋式箍筋间距不大于 100mm，且符合《桩基规范》有关桩基构造要求时：

$$N \leqslant \psi_c f_c A_{ps} + 0.9 f'_y A'_s \qquad (3.7.7)$$

2）当桩身配筋不符合上述 1 款规定时

$$N \leqslant \psi_c f_c A_{ps}$$

式中　N——荷载效应基本组合下的桩顶轴向压力设计值；

　　　ψ_c——基桩成桩工艺系数，按《桩基规范》第 5.8.3 条规定取值；

　　　f_c——混凝土轴心抗压强度设计值；

f'_y——纵向主筋抗压强度设计值；

A'_s——纵向主筋截面面积。

基桩成桩工艺系数 ψ_c 应按下列规定取值

① 混凝土预制桩、预应力混凝土空心桩：$\psi_c = 0.85$；

② 干作业非挤土灌注桩：$\psi_c = 0.90$；

③ 泥浆护壁和套管护壁非挤土灌注桩、部分挤土灌注桩、挤土灌注桩：$\psi_c = 0.7 \sim 0.8$；

④ 软土地区挤土灌注桩：$\psi_c = 0.6$。

基桩鉴定、检测人员应弄清公式（3.7.6）和（3.7.6）的含义并熟练计算，以便对荷载试验中出现的一些异常问题进行分析。

（6）计算轴心受压混凝土桩正截面受压承载力时，一般取稳定系数 $\phi = 1.0$。对于高承台基桩、桩身穿越可液化土或不排水抗剪强度小于 10kPa 的软弱土层的基桩，应考虑压屈影响。

3. 嵌岩桩竖向承载力计算

桩端置于完整、较完整基岩的嵌岩桩单桩竖向极限承载力，由桩周土总极限侧阻力和嵌岩段总极限阻力组成。当根据岩石单轴抗压强度确定单桩竖向极限承载力标准值时，可按下列公式计算

$$Q_{uk} = Q_{sk} + Q_{rk} \qquad (3.7.8)$$

$$Q_{sk} = u \sum q_{sik} l_i \qquad (3.7.9)$$

$$Q_{rk} = \zeta_r f_{rk} A_p \qquad (3.7.10)$$

式中 Q_{sk}、Q_{rk}——分别为土的总极限侧阻力、嵌岩段总极限阻力；

q_{sik}——桩周第 i 层土的极限侧阻力，无当地经验时，可根据成桩工艺按《桩基规范》表 5.3.5-1 取值；

f_{rk}——岩石饱和单轴抗压强度标准值，黏土岩取天然湿度单轴抗压强度标准值；

ζ_r——嵌岩段侧阻和端阻综合系数，与嵌岩深径比 h_r/d、岩石软硬程度和成桩工艺有关，可按下表 3-2 采用；表中数值适用于泥浆护壁成桩，对于干作业成桩（清底干净）和泥浆护壁成桩后注浆，ζ_r 应取表列数值的 1.2 倍。

嵌岩段侧阻和端阻综合系数 ζ_r　　　　　　　　　　表 3-2

嵌岩深径比 h_r/d	0	0.5	1.0	2.0	3.0	4.0	5.0	6.0	7.0	8.0
极软岩、软岩	0.60	0.80	0.95	1.18	1.35	1.48	1.57	1.63	1.66	1.70
较硬岩、坚硬岩	0.45	0.65	0.81	0.90	1.00	1.04				

注：1. 极软岩、软岩指 $f_{rk} \leqslant 15MPa$，较硬岩、坚硬岩指 $f_{rk} > 30MPa$，介于二者之间可内插取值。

2. h_r 为桩身嵌岩深度，当岩面倾斜时，以坡下方嵌岩深度为准；当 h_r/d 为非列表值时，ζ_r 可内差取值。

所谓桩端位于完整、较完整的基岩，一般可考虑风化程度不超过中风化的基岩（一般可以取芯并给出单轴饱和抗压强度的基岩）。

上述公式对于软质岩，特别是极软岩，计算承载力偏低。故对于位于软岩中的嵌岩桩，宜按上述公式与按普通桩的计算公式对比，取大值。

4. 后注浆灌注桩设计和施工

后注浆灌注桩的承载力应通过试验确定。《桩基规范》也有计算公式。一般有以下经验：

（1）端阻增幅高于侧阻。

（2）粗粒土的增幅高于细粒土。

（3）复式注浆高于单一注浆。

（4）大直径桩（单柱单桩和单桩承载力要求高的桩）压浆管宜超过2个。

（5）二次注浆高于单次注浆。

（6）桩端位于中密以上的中粗砂及碎石地基上，承载力一般可提高60%～100%。

（7）起吊时应注意钢筋笼的垂直度。

（8）注浆管应使用国标钢管，直径不宜小于1寸（33mm）。

（9）钢筋笼应沉放到底，严禁撞笼、墩笼和扭笼。

（10）注浆量一般为1.5～2.5t。

（11）注浆一般以注浆量控制为主，注浆压力控制为辅。

5. 液化地基桩承载力计算

对于桩身周围有液化土层的低承台桩基，当承台底面上下分别有厚度不小于1.5m、1.0m的非液化土或非软弱土层时，可将液化土层极限侧阻力乘以土层液化影响折减系数计算单桩极限承载力标准值。土层液化影响折减系数 ψ_l 可按表3-3确定。

土层液化影响折减系数 ψ_l　　　　表3-3

$\lambda_N = \dfrac{N}{N_{cr}}$	自地面算起的液化土层深度 d_L(m)	ψ_l
$\lambda_N \leqslant 0.6$	$d_L \leqslant 10$	0
	$10 < d_L \leqslant 20$	1/3
$0.6 < \lambda_N \leqslant 0.8$	$d_L \leqslant 10$	1/3
	$10 < d_L \leqslant 20$	2/3
$0.8 < \lambda_N \leqslant 1.0$	$d_L \leqslant 10$	2/3
	$10 < d_L \leqslant 20$	1.0

注：1. N 为饱和土标贯击数实测值；N_{cr} 为液化判别标贯击数临界值；λ_N 为土层液化指数。

　　2. 对于挤土桩当桩距不大于 $4d$，且桩的排数不少于5排、总桩数不少于25根时，土层液化影响系数可按表3-3列值提高一档取值。桩间土标贯击数达到 N_{cr} 时，取 $\psi_l = 1$。

　　　当承台底上下非液化土层厚度小于以上规定，土层液化影响折减系数 ψ_l 取0。

注意该计算公式适用于地震作用效应和荷载效应标准组合，在荷载效应标准组合应考虑负摩阻影响。

6. 桩基负摩阻力计算

（1）当桩周土层产生的沉降超过基桩的沉降时，在计算基桩承载力时应计入桩侧负摩阻力。

1）桩穿越较厚松散填土、自重湿陷性黄土、欠固结土、液化土层进入相对较硬土层时。

2）桩周存在软弱土层，邻近桩侧地面承受局部较大的长期荷载，或地面大面积堆载（包括填土）时。

3）由于降低地下水位，使桩周土有效应力增大，并产生显著压缩沉降时。

（2）桩周土沉降可能引起桩侧负摩阻力时，应根据工程具体情况考虑负摩阻力对桩基承载力和沉降的影响；当缺乏可参照的工程经验时，可按下列公式验算。

1）对于摩擦型基桩可取桩身计算中性点以上侧阻力为零，并可按下式验算基桩承载力：

$$N_k \leqslant R_a \tag{3.7.11}$$

2）对于端承型基桩除应满足上式要求外，尚应考虑负摩阻力引起基桩的下拉荷载 Q_g^n，并可按下式验算基桩承载力：

$$N_k + Q_g^n \leqslant R_a \tag{3.7.12}$$

3）当土层不均匀或建筑物对不均匀沉降较敏感时，尚应将负摩阻力引起的下拉荷载计入附加荷载验算桩基沉降。

注：基桩的竖向承载力特征值 R_a 只计中性点以下部分侧阻值及端阻值。

我们看到对于摩擦桩和端承桩关于负摩阻力的计算方法是有区别的，可以理解为：由于摩擦桩在负摩阻力作用下沉降增大，中性点上移，即负摩阻力的大小与桩的沉降有关；而端承桩在负摩阻力发生后由于沉降很小甚至不动，则负摩阻力作为下拉荷载一直作用在桩上。故区分摩擦桩和端承桩很重要，涉及桩的安全性和经济性。

通过上面对负摩阻机理的探讨，我们应该清醒地认识到：摩擦桩和端承桩的分类，不仅要判断桩的承载特性，更要洞察其沉降特点。

某桩基工程，长 20m，桩径 600mm，桩上部 14m 为软黏性土，其中软黏性土中下部夹 2m 液化砂，下部 3m 进较破碎极软岩，最下部 3m 进较完整极软岩（地质剖面见图 3-8），计算摩阻力大于端阻力，理论上可判为摩擦桩。按摩擦桩计算模式，液化砂以上部

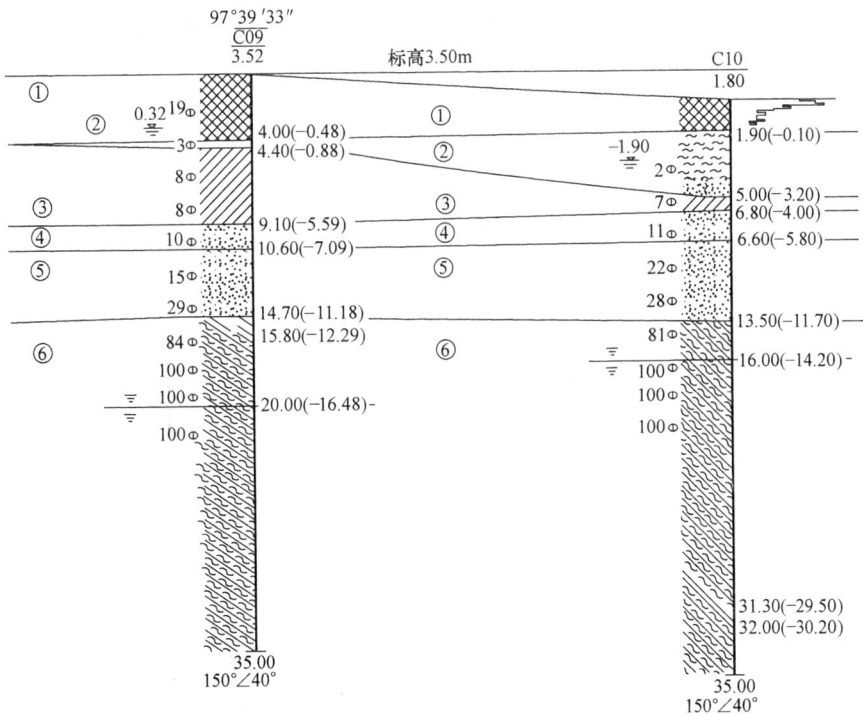

图 3-8　地质剖面示意图

分不计摩阻力即可。但仔细分析，如果该桩施工质量很好，试桩时发现在设计荷载沉降很小，则应按端承桩考虑。判断摩擦桩和端承桩的最终标准应是桩的沉降特性而不是其他因素。

7. 桩基水平承载力计算及影响因素

桩的水平力影响因素大致有以下几点

（1）桩的形状（桩的直径、边长）。

（2）桩的配筋率。

（3）桩周土的性质。

（4）桩顶的约束。

根据文献[2]，举一工程实例。

试验场地位于山西省阳泉市某制铝厂厂房施工现场。在此场地共浇注四根嵌岩式灌注桩，桩的位置对称分布，桩的直径为1m，桩长为7m，嵌岩深度1m，桩中心间距为3m，四个桩分别编号为1号，2号，3号，4号。施工由厂房施工方协助完成。

1）场地地质情况

试验场地地质情况：场地地貌属于太行山山区，设计高程为802.0m，通过勘察查明，土层可分为五个层次：分别为杂填土、素填土、粉质黏土、强风化砂岩、中风化砂岩。在勘察揭露范围内未见稳定的地下水位，水量较小。同时标准冻土深度为0.8m。

2）施工

采用机械掏挖规定直径和深度的桩孔，纵向钢筋采用20根Φ16的钢筋，箍筋采用Φ8的螺旋筋，组成钢筋网笼。在桩孔形成后，吊放钢筋网笼进入预先挖好的桩孔中，然后浇注混凝土，混凝土强度等级为C25。

3）试验加载的方法

采用单向多循环加卸载法，取预估水平极限承载力的1/10～1/15作为每级荷载的加载增量；加载程序和数据观测读取是每级荷载施加后，先恒载4min再测量读取水平位移量和应力计读数，然后卸载至零；停2min读取残余水平位移和应力计读数，至此完成一个加卸载循环。如此循环5次便完成一级荷载的试验观测。接着就进行下一级荷载的加卸载过程，一共测试十个等级，记录所有位移和应力计的数据。

4）试验结果分析

从图3-9可见，就3号桩而言，桩顶水平位移比较小，在水平荷载施加到210～240kN时，出现一个小平台；在此区间内位移基本没有发生变化，而后位移再次缓慢变化。

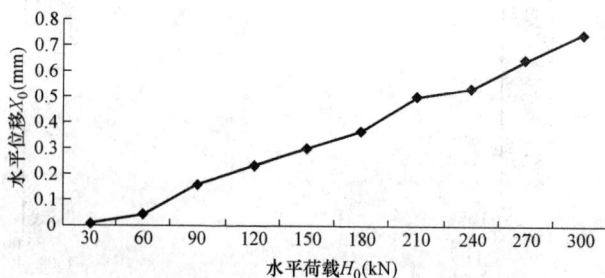

图 3-9　3号桩水平位移-荷载关系图

同时为确定桩的水平临界荷载和极限荷载，根据试验结果绘制了水平力—位移梯度曲线和水平力—最大弯矩截面钢筋应力曲线，见图 3-10 和图 3-11。

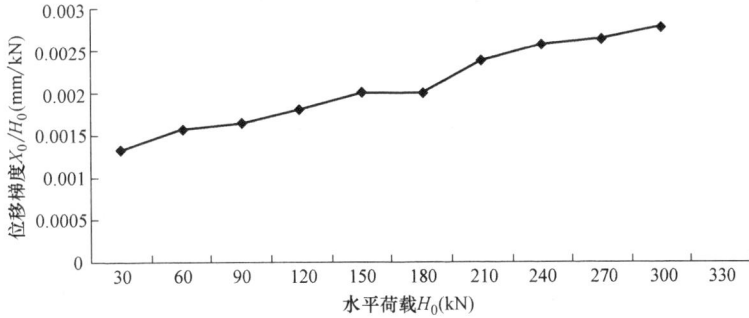

图 3-10　3 号桩水平力—位移梯度曲线

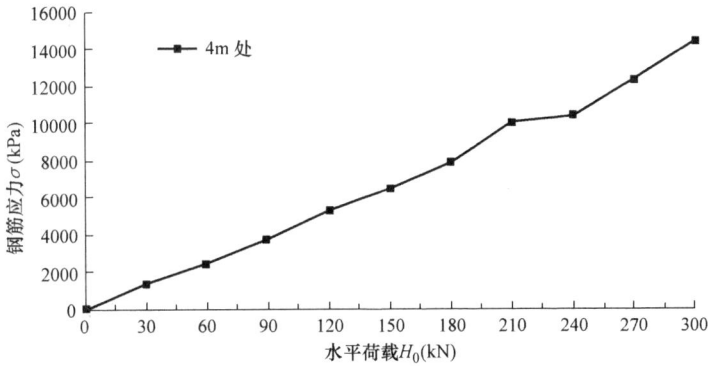

图 3-11　3 号桩在最大弯矩面处的荷载—钢筋应力图

通过图 3-10、图 3-11 可以看出，桩身顶部位移梯度与荷载的关系同桩身应力与荷载的关系基本一致，趋势也相似，都在 210～240kN 处出现了转折平台。

规范中规定混凝土桩的最大弯矩断面受拉区出现开展到保护层的发丝裂纹的状态时，称之为临界状态，所对应的荷载为临界荷载。水平临界荷载根据综合确定方法包括取荷载与位移曲线出现突变点的前一级荷载为临界荷载；取荷载和位移梯度曲线第一直线段的终点所对应的荷载为临界荷载；取水平力-最大弯矩截面钢筋应力曲线第一突变点的荷载为临界荷载。

单桩试验结果一览表　　　　　　　　　　　　　　　　　　　　　　表 3-4

项　　目	1 号桩	2 号桩	3 号桩	4 号桩
水平临界荷载 H_{cr}(kN)	210	210	210	210
临界荷载对应的地表水平位移 X_{cr}(mm)	0.42	0.51	0.49	0.4
最大弯矩截面距地面深度(m)	4	4	4	4

5）作者得出结论如下

① 在本次试验中临界荷载作用下的桩顶位移均较小，可直接将临界荷载作为设计荷载。

② 试验过程中桩顶位移很小，这与场地地质条件有很大关系。由于场地有一层土体中块石掺杂很多，而且这一层厚度也较大，所以最后造成在试验中桩顶位移变化很小。

③ 通过讨论和钢筋应力计测定表明，最大弯矩出现在距桩顶 4m 处，在桩的中部。

④ 通过桩的应力—荷载图和位移梯度—荷载图并不能确定桩的极限荷载值，此试验还未出现极限荷载值，这与试验场地地质情况和试验桩为短粗桩有关。

⑤ 可通过提高桩身自身的刚度与强度和提高桩周土抗力的方法减少桩顶变形，提高单桩水平承载力。

根据桩的水平承载力试验结果作者得出的结论表面上看并无问题，但却忽略了在 0.5mm 如此小的位移下桩就开裂了，这种桩的实际工作状态在地震作用下是否是我们想要的水平承载力呢？经计算配筋率约 0.51%，属《桩基规范》配筋率小于 0.65% 类，由临界荷载确定。

如按大于 0.65% 配筋，该桩的水平承载力将由水平位移控制，承载力会显著提高。

如纯粹考虑水平承载能力问题，还可考虑降低桩直径，将配筋率满足不少于 0.65% 的要求。

总之，抗水平荷载（抗弯）桩基均应考虑配筋率不少于 0.65%。

第八节　桩基施工

1. 不同桩型的适用条件如下

（1）泥浆护壁钻孔灌注桩宜用于地下水位以下的黏性土、粉土、砂土、填土、碎石土及风化岩层。

（2）旋挖成孔灌注桩宜用于黏性土、粉土、砂土、填土、碎石土及风化岩层。

（3）冲孔灌注桩除宜用于上述地质情况外，还能穿透旧基础、建筑垃圾填土或大孤石等障碍物。在岩溶发育地区应慎重使用，采用时，应适当加密勘察钻孔。

（4）长螺旋钻孔压灌桩后插钢筋笼宜用于黏性土、粉土、砂土、填土、非密实的碎石类土、强风化岩。

（5）干作业钻、挖孔灌注桩宜用于地下水位以上的黏性土、粉土、填土、中等密实以上的砂土、风化岩层。

（6）在地下水位较高，有承压水的砂土层、滞水层、厚度较大的流塑状淤泥、淤泥质土层中不得选用人工挖孔灌注桩。

（7）沉管灌注桩宜用于黏性土、粉土和砂土；夯扩桩宜用于桩端持力层为埋深不超过 20m 的中、低压缩性黏性土、粉土、砂土和碎石类土。

2. 泥浆护壁成孔灌注桩

（1）泥浆的制备和处理

除能自行造浆的黏性土层外，均应制备泥浆。泥浆制备应选用高塑性黏土或膨润土。泥浆应根据施工机械、工艺及穿越土层情况进行配合比设计。

（2）泥浆护壁应符合下列规定

1）施工期间护筒内的泥浆面应高出地下水位 1.0m 以上，在受水位涨落影响时，泥浆面应高出最高水位 1.5m 以上。

2）在清孔过程中，应不断置换泥浆，直至浇注水下混凝土。

3）浇注混凝土前，孔底 500mm 以内的泥浆比重应小于 1.25；含砂率不得大于 8%；黏度不得大于 28s。

4）在容易产生泥浆渗漏的土层中应采取维持孔壁稳定的措施。

3. 正、反循环钻孔灌注桩的施工

（1）对孔深较大的端承型桩和粗粒土层中的摩擦型桩，宜采用反循环工艺成孔或清孔，也可根据土层情况采用正循环钻进，反循环清孔。

（2）泥浆护壁成孔时，宜采用孔口护筒，护筒设置应符合下列规定

1）护筒埋设应准确、稳定，护筒中心与桩位中心的偏差不得大于 50mm。

2）护筒可用 4～8mm 厚钢板制作，其内径应大于钻头直径 100mm，上部宜开设 1～2 个溢浆孔。

3）护筒的埋设深度：在黏性土中不宜小于 1.0m；砂土中不宜小于 1.5m。护筒下端外侧应采用黏土填实；其高度尚应满足孔内泥浆面高度的要求。

4）受水位涨落影响或水下施工的钻孔灌注桩，护筒应加高加深，必要时应打入不透水层。

（3）当在软土层中钻进时，应根据泥浆补给情况控制钻进速度；在硬层或岩层中的钻进速度应以钻机不发生跳动为准。

（4）钻机设置的导向装置应符合下列规定

1）潜水钻的钻头上应有不小于 3 倍直径长度的导向装置。

2）利用钻杆加压的正循环回转钻机，在钻具中应加设扶正器。

（5）如在钻进过程中发生斜孔、塌孔和护筒周围冒浆、失稳等现象时，应停钻，待采取相应措施后再进行钻进。

（6）钻孔达到设计深度，灌注混凝土之前，孔底沉渣厚度指标应符合下列规定：

1）对端承型桩，不应大于 50mm。

2）对摩擦型桩，不应大于 100mm。

3）对抗拔、抗水平力桩，不应大于 200mm。

4. 冲击成孔灌注桩的施工

（1）冲孔桩孔口护筒，其内径应大于钻头直径 200mm，其他同上。

（2）泥浆的制备、使用和处理同上。

（3）冲击成孔质量控制应符合下列规定

1）开孔时，应低锤密击。当表土为淤泥、细砂等软弱土层时，可加黏土块夹小片石反复冲击造壁，孔内泥浆面应保持稳定。

2）进入基岩后，应采用大冲程、低频率冲击，当发现成孔偏移时，应回填片石至偏孔上方 300～500mm 处，然后重新冲孔。

3）当遇到孤石时，可预爆或采用高低冲程交替冲击，将大孤石击碎或挤入孔壁。

4）应采取有效的技术措施防止扰动孔壁、坍孔、扩孔、卡钻和掉钻及泥浆流失等事故。

5）每钻进 4～5m 应验孔一次，在更换钻头前或容易缩孔处，均应验孔。

6）进入基岩后，非桩端持力层每钻进 300～500mm 和桩端持力层每钻进 100～300m

时，应清孔取样一次，并应做记录。

（4）清孔宜按下列规定进行

1）不易坍孔的桩孔，可采用空气吸泥清孔。

2）稳定性差的孔壁应采用泥浆循环或抽渣筒排渣。

5. 旋挖成孔灌注桩的施工

（1）旋挖钻成孔灌注桩应根据不同的地层情况及地下水位埋深，采用干作业成孔和泥浆护壁成孔工艺。

（2）泥浆护壁旋挖钻机成孔应配备成孔和清孔用泥浆及泥浆池（箱），在容易产生泥浆渗漏的土层中可采取提高泥浆比重、掺入锯末、增黏剂提高泥浆黏度等维持孔壁稳定的措施。

（3）泥浆制备的能力应大于钻孔时的泥浆需求量，每台套钻机的泥浆储备量不应少于单桩体积。

（4）旋挖钻机施工时，应保证机械稳定、安全作业，必要时可在场地铺设能保证其安全行走和操作的钢板或垫层（路基板）。

（5）每根桩均应安设钢护筒。

（6）旋挖钻机成孔应采用跳挖方式，钻斗倒出的土距桩孔口的最小距离应大于 6m，并应及时清除。应根据钻进速度同步补充泥浆，保持所需的泥浆面高度不变。

（7）钻孔达到设计深度时，应采用清孔钻头进行清孔。

6. 水下混凝土的灌注

（1）钢筋笼吊装完毕后，应安置导管或气泵管二次清孔，并应进行孔位、孔径、垂直度、孔深、沉渣厚度等检验，合格后应立即灌注混凝土。

（2）水下灌注的混凝土应符合下列规定

1）水下灌注混凝土必须具备良好的和易性，配合比应通过试验确定；坍落度宜为 180～220mm；水泥用量不应少于 360kg/m³（当掺入粉煤灰时水泥用量可不受此限）。

2）水下灌注混凝土的含砂率宜为 40%～50%，并宜选用中粗砂；粗骨料的最大粒径应小于 40mm。

3）水下灌注混凝土宜掺外加剂。

（3）导管的构造和使用应符合下列规定

1）导管壁厚不宜小于 3mm，直径宜为 200～250mm；直径制作偏差不应超过 2mm，导管的分节长度可视工艺要求确定，底管长度不宜小于 4m，接头宜采用双螺纹方扣快速接头。

2）导管使用前应试拼装、试压，试水压力可取为 0.6～1.0MPa。

3）每次灌注后应对导管内外进行清洗。

（4）使用的隔水栓应有良好的隔水性能，并应保证顺利排出；隔水栓宜采用球胆或与桩身混凝土强度等级相同的细石混凝土制作。

（5）灌注水下混凝土的质量控制应满足下列要求

1）开始灌注混凝土时，导管底部至孔底的距离宜为 300～500mm。

2）应有足够的混凝土储备量，导管一次埋入混凝土灌注面以下不应少于 0.8m。

3）导管埋入混凝土深度宜为 2～6m。严禁将导管提出混凝土灌注面，并应控制提拔导管速度，应有专人测量导管埋深及管内外混凝土灌注面的高差，填写水下混凝土灌注记录。

4）灌注水下混凝土必须连续施工，每根桩的灌注时间应按初盘混凝土的初凝时间控制，对灌注过程中的故障应记录备案。

5）应控制最后一次灌注量，超灌高度宜为 0.8～1.0m，凿除泛浆高度后必须保证暴露的桩顶混凝土强度达到设计等级。

7. 人工挖孔灌注桩施工

（1）人工挖孔桩的孔径（不含护壁）不得小于 0.8m，且不宜大于 2.5m；孔深不宜大于 30m。当桩净距小于 2.5m 时，应采用间隔开挖。相邻排桩跳挖的最小施工净距不得小于 4.5m。

（2）人工挖孔桩混凝土护壁的厚度不应小于 100mm，混凝土强度等级不应低于桩身混凝土强度等级，并应振捣密实；护壁应配置直径不小于 8mm 的构造钢筋，竖向筋应上下搭接或拉接。

（3）人工挖孔桩施工应采取下列安全措施

1）孔内必须设置应急软爬梯供人员上下；使用的电动葫芦、吊笼等应安全可靠，并配有自动卡紧保险装置，不得使用麻绳和尼龙绳吊挂或脚踏井壁凸缘上下。电动葫芦宜用按钮式开关，使用前必须检验其安全起吊能力。

2）每日开工前必须检测井下的有毒、有害气体，并应有足够的安全防范措施。当桩孔开挖深度超过 10m 时，应有专门向井下送风的设备，风量不宜少于 25L/s。

3）孔口四周必须设置护栏，护栏高度宜为 0.8m。

4）挖出的土石方应及时运离孔口，不得堆放在孔口周边 1m 范围内，机动车辆的通行不得对井壁的安全造成影响。

5）施工现场的一切电源、电路的安装和拆除必须遵守现行行业标准《施工现场临时用电安全技术规范》JGJ 46—2005 的规定。

（4）第一节井圈护壁应符合下列规定

1）井圈中心线与设计轴线的偏差不得大于 20mm。

2）井圈顶面应比场地高出 100～150mm，壁厚应比下面井壁厚度增加 100～150mm。

（5）修筑井圈护壁应符合下列规定

1）护壁的厚度、拉接钢筋、配筋、混凝土强度等级均应符合设计要求。

2）上下节护壁的搭接长度不得小于 50mm。

3）每节护壁均应在当日连续施工完毕。

4）护壁混凝土必须保证振捣密实，应根据土层渗水情况使用速凝剂。

5）护壁模板的拆除应在灌注混凝土 24h 之后。

6）发现护壁有蜂窝、漏水现象时，应及时补强。

7）同一水平面上的井圈任意直径的极差不得大于 50mm。

（6）当遇有局部或厚度不大于 1.5m 的流动性淤泥和可能出现涌土、涌砂时，护壁施工可按下列方法处理：

1）将每节护壁的高度减小到 300～500mm，并随挖、随验、随灌注混凝土。

2）采用钢护筒或有效的降水措施。

第九节　桩基工程实例

1. 桩身强度问题

桩的承载力大小主要由两个因素中较弱者控制：桩侧、桩端土的强度和桩身强度。而载荷试验，特别是为设计提供承载力依据的载荷试验，必要时应通过试验判断基桩达到极限承载力时的控制原因。桩载荷-沉降曲线见图 3-12。

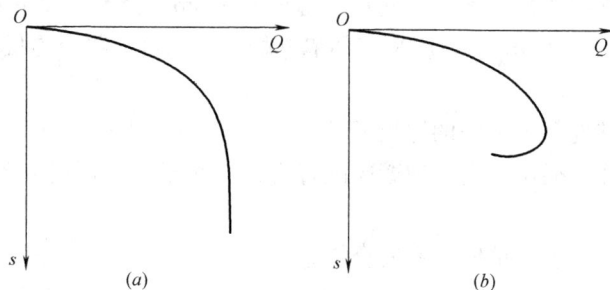

图 3-12　单桩竖向载荷下极限破坏 Q-s 曲线形态

(a) 桩侧、桩端土的强度达到极限破坏；(b) 桩身强度达到极限破坏

2. 桩端问题（端未进入持力层、沉渣过厚）

某项目采用钻孔灌注桩，一共进行 9 台静载荷试验，结果表明承载力不满足设计要求，且承载力离散性大（单桩竖向载荷试验 Q-s 曲线形态类似图 3-12 中的 (a)）。低应变结果大多为一类桩，个别二类桩，取芯结果也证实混凝土强度满足设计要求。综合判断为桩端未进入持力层或沉渣过厚。后采用静压机复压处理，此处理方式简洁、经济和高效，可避免补桩所引起的许多问题。一般因桩端问题而桩身强度满足设计要求，且单桩承载力试桩结果离散性较大（单桩极限承载力不超过 10000kN）的桩基可考虑采用该处理方式。为保证建筑物沉降均匀，宜采用普遍复压处理。

3. 荷载-沉降曲线出现台阶

某些钻孔灌注嵌岩桩，曾发现桩出现 Q-s 曲线的反常现象，见图 3-13。一般加荷至后几级荷载时，桩沉降较大（个别沉降甚至超过 100mm），之后沉降又逐渐稳定，而且最后几级均能满足稳定条件。究其原因，嵌岩桩的嵌岩段极限阻力被克服后，由于桩端沉渣过厚，端阻力延后发挥，出现 Q-s 曲线不连续现象，类似台阶。此现象主要在岩石地区的一些嵌岩桩试验资料中出现过。如台阶不陡（如某嵌岩桩载荷试验，第九级荷载下桩沉降超过第八级荷载下桩沉降 5 倍，但总沉降不到 40mm），则认为该台阶对桩极限承载力的正常取值影响不大。但如出现图 3-13 中的"深"台阶，则桩的承载力一般只考虑取至台阶处。

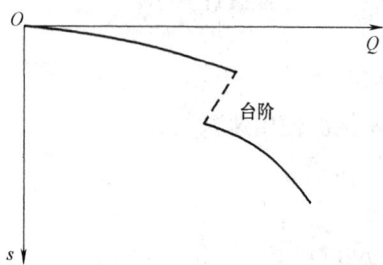

图 3-13　桩静载荷试验 Q-s 曲线出现台阶

广东、福建等沿海地区的一些预制管桩试桩结果的 Q-s 曲线也有类似形态，但台阶较"浅"，且一般发生在试桩加载的中前期。此类桩桩长一般为 20m 左右，桩周土有较厚的

黏性土，桩端地质条件较好，施工时发现有设备下陷、场地土体隆起现象，低应变检测均为Ⅰ、Ⅱ类桩。究其原因，主要为挤土桩由于土体隆起，桩体上浮引起。一般采用复压措施解决。

4. 软土地区桩偏移、倾斜问题

软土地区经常由于开挖不当或桩受侧压等原因造成桩偏移、倾斜和断裂等现象。

软土地区的开挖，在《建筑地基基础设计规范》GB 50007—2011、《建筑桩基技术规范》JGJ 94—2008、《建筑地基处理技术规范》JGJ 79—2012、《建筑基坑支护技术规程》JGJ 120—2012中均有条文规定，须符合分层、对称、均匀的开挖原则。

图 3-14　开挖不当引起桩偏移、倾斜照片

江苏沿海地区某项目，地表下 2m 淤泥厚近 10m，由于管桩（直径 600mm，桩长20m）附近施工道路有载重车行驶，造成靠近道路边管桩倾斜、偏移（见图 3-14），部分桩接头断裂，低应变检测基本为Ⅲ、Ⅳ类桩，后对偏移和倾斜较小者采用带钢筋笼灌芯措施，对偏移和倾斜较大者采用补桩措施。

浙江沿海地区某项目，地表下 1.8m 淤泥质粉质黏土厚达 40m，桩基为直径 600mm的钻孔灌注桩，桩长 50～60m。基坑开挖深度约 5m，虽采取了基坑支护措施，但开挖未按分层、均匀、对称要求进行，桩基发生大面积倾斜、偏移。

5. 实际试桩摩阻力、端阻力分析

基桩载荷试验（检测）中，经常因业主（设计）要求，需确定桩的侧摩阻力值和端阻力值，以保证桩基工程设计的安全、可靠和经济。下面通过一工程实例进行说明[3]。

拟建物为文化中心，基础采用 Φ500PHC 管桩，壁厚 100mm，桩长 42m，采用静压桩机施工，终压力 4509kN。桩端持力层为中密圆砾。下面就桩的静载试验结果进行分析。

桩的 Q-s 曲线呈缓变形，当加载至 5000kN 时，桩沉降为 15mm，无明显拐点，桩的计算压缩变形量同桩顶沉降，卸荷后残余沉降为 7.44mm。

图 3-15 为试桩桩身轴力分布图。从图 3-15 中可以看出，桩身 0～17m 范围内，桩身轴力传递较快，轴力图中的斜率较大，此段桩周土层为中砂，侧摩阻力较高。而桩身 17～37m 段桩身轴力变化较小，轴力图中的斜率较小，此段桩周土层为淤泥质土层，侧摩阻

力较低。再往下为粉质黏土或粉砂，强度比淤泥质土高，则轴力变化又增大，轴力图的斜率也提高。该桩在桩顶 5000kN 荷载下，中砂层和淤泥土层分别承担约为 50％和 24％，桩端（为中密砾石）承担约 10％。该桩长径比超 80，以侧摩阻力为主，为端承摩擦桩。

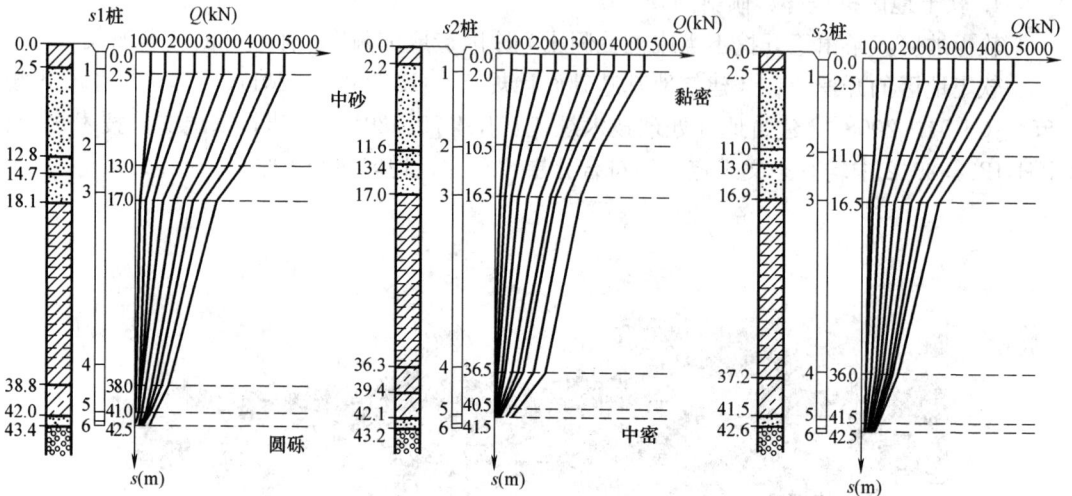

图 3-15 桩身轴力分布图

6. 超长桩承载特性

我国现行桩基规范并未对桩的长径比提出限制，桩的承载力计算公式中主要包含侧摩阻力及端阻力。在软土地区，工程桩一般为 40～80m，有些桩长超过 100m。文献[4]通过 7 根打入式钢管桩（考虑不同桩长、不同桩径、不同壁厚，见表 3-5）在同一场地的静载试验（场地地质柱状见图 3-16 及 Q-s 曲线见图 3-17），阐明钢管桩的长径比和桩身刚度对桩基承载力的影响。

对桩长在 50m 以下桩 1～桩 3，因未进行至规范规定的停止加载标准，均将极限承载力定为不低于该桩的最大加载量。从表 3-5 可以看出，长径比大、刚度小的桩的极限承载力比规范估算公式相差甚远。

试桩有关数据   表 3-5

桩号	桩长 (m)	桩径 (mm)	壁厚 (mm)	截面积 (mm²)	刚度 AE/L (MN/m)	周长 (cm)	极限承载力 (kN)	桩顶沉降 (mm)
1	46.5	609	14	262	112.7	191	≥7000	42.64
2	46.5	609	14	322	138.5	221	≥8400	38.71
3	48.0	700	14	362	150.8	250	≥8200	35.21
4	60.0	700	14	466	155.3	250	9600	59.21
5	79.0	700	19	466	118.0	250	11000	85.97
6	80.0	914	20	652	163.0	317	14910	91.16
7	80.0	914	20	652	163.0	317	16000	88.64

注：桩 6 恢复期未满足规范要求。

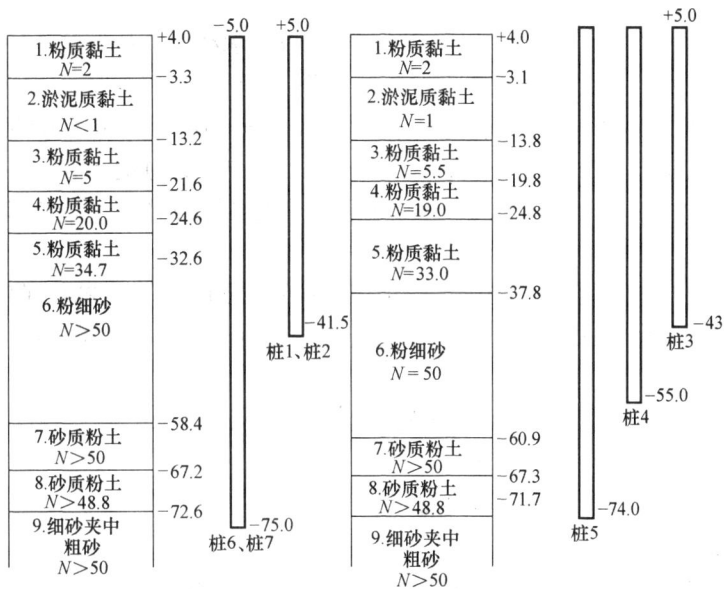

图 3-16　土质柱状图、土的物理力学指标及桩标高

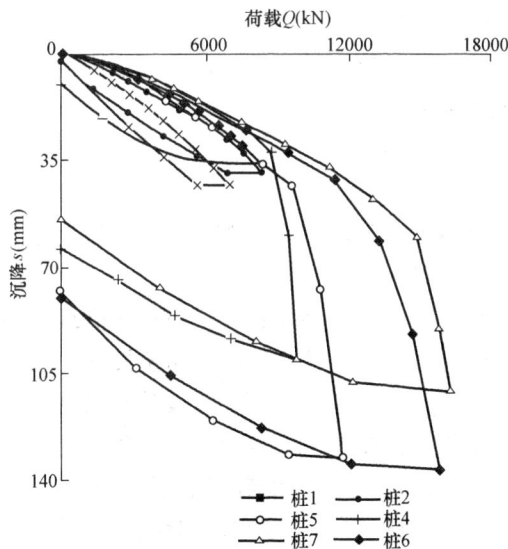

图 3-17　桩的 Q-s 曲线

文献作者根据试桩载荷资料得出如下结论：

（1）长径比超过 80 且桩长超过 60m 的摩擦型钢管桩，极限承载力得不到充分发挥，桩侧极限摩阻力明显低于同一土层的短桩。长径比 l/d 愈大，极限承载力降低愈多。当桩的长径比 l/d 超过一定界限后，无论桩身下部、中部或上部，其侧摩极限阻力均较长径比 l/d 小者有明显下降；

（2）桩身刚度对承载力也有影响，当桩长相同时，刚度大的桩所发挥的极限承载力大。

以往许多文献也曾报道过长径比 l/d 较大桩的极限承载力（其中尤其是端阻力）得不到发挥的实例，一般认为长径比 $l/d \geqslant 50$ 后将有明显降低，l/d 越大，端阻力降幅越大，有的认为 $l/d \geqslant 100$ 后可不必考虑端阻力，甚至得出了桩端可以不至于好的持力层上的推论。实际上：桩侧阻力与桩端阻力并非各自独立互不影响，即桩的承载力并非是桩侧和桩端阻力的简单算术叠加。有不少实验证实：桩端土强度或刚度的高低直接影响着桩侧阻力发挥的强弱[5]。

无论桩的长径比 l/d 大小，如桩端未落在好的持力层上，不仅桩周摩阻力的发挥大受影响（尤其是桩侧为饱和软土层的桩），而且建筑的总沉降将会大为增加。

第十节 高应变与静载的区别

高应变与静载的主要特点各自表述如下。

1. 静载特点

（1）静载试验为千斤顶在桩顶逐级加载，桩土加速度很小，可以认为加荷过程中桩土处于静力平衡状态。

（2）静载试验的荷载与桩沉降（$Q\text{-}s$ 曲线）具有对应关系，只需考虑加载后变形状态之间的差异，无需考虑时间过程因素。

（3）静载试验一般能确定单桩极限承载力值，故不仅可用于检测桩的施工质量，亦可作为设计前确定桩的极限承载力。

（4）静载试验周期长、费用高。

2. 高应变特点

（1）高应变的动荷载（锤重约为承载力的 1% 左右）产生的动荷载使桩土产生显著的加速度，由此对桩的变形及运动有显著影响。

（2）由于高应变法试桩时产生的桩顶动位移一般小于静载试验，特别对于具有缓变形静载试验 $Q\text{-}s$ 曲线的桩（如大直径灌注桩、扩底桩和超长桩）表现得更为明显，一般难以得到桩的承载力极限值。所以，该方法不宜用于为设计提供依据的前期试桩，而只用于工程桩验收检测。另外，由于该方法受桩型、地质和施工条件变异、操作人员的素质和经验等因素影响，检测分析结果的准确性还不能与静载试验相媲美。因此，对设计等级高的桩基工程，只能作为静载试验的补充，以弥补静载试验抽检数量少、代表性差的不足。

（3）高应变法检测桩身完整性的可靠性比低应变法高，只是与低应变法检测的快捷、廉价相比，在带有普查性的完整性检测中应用尚有一定困难。但由于其激励能量和检测有效深度大的优点，特别在判定桩身水平整合型缝隙、预制桩接头等缺陷时，能够在查明这些"缺陷"是否影响竖向抗压承载力的基础上，合理判定缺陷程度。

（4）高应变检测技术是从打入式预制桩发展起来的，试打桩和打桩监控属于其特有的功能，是静载试验无法做到的。由于预制桩截面恒定、材质均匀，可以直接通过桩顶附近的应力波测量，准确地测得桩身最大拉应力、桩身完整性系数和桩锤传递给桩的能量，进而控制打桩过程的桩身应力和减少打桩破损率，为合理选择沉桩设备参数和确定桩端持力层以及停锤标准提供依据。因此，对锤击预制桩进行打桩过程动力监测，是高应变法的一个独特优势，它为锤击预制桩的信息化施工提供了一个较为理想的监控手段。

第十一节　静压桩承载力与桩的终压力关系

根据广东省的实际工程经验[6]，静压桩的极限承载力与桩的终压力具有如下近似关系：

当长细比＜60时，桩极限承载力＞桩的终压力；

当长细比≈50时，桩极限承载力≈桩的终压力；

当长细比＜40时，桩极限承载力＜桩的终压力。

本章参考文献

[1] 中国建筑科学研究院，中华人民共和国行业标准. 建筑桩基技术规范 JGJ 94—2008 [S]. 北京：中国建筑工业出版社，2008.

[2] 程寅，贺武斌，张循当，白晓红. 嵌岩式灌注桩水平承载力的试验研究，地基基础工程技术实践与发展 [M]. 北京：知识产权出版社，2008.

[3] 施峰. 预应力高强混凝土管桩的承载分析. 桩基工程设计与施工技术 [M]. 北京：中国建材工业出版社，1994.

[4] 朱光裕、顾伟园. 软土地区超长钢管桩竖向承载力分析. 桩基工程技术发展与应用 [M]. 北京：中国建筑工业出版社，2003.

[5] 席宁中. 桩端土强度对桩侧阻力影响的试验研究及理论分析. 中国建筑科学研究院博士学位论文，2002.

[6] 林本海、王离. 静压桩承载性能的分析研究，桩基工程技术发展与应用 [M]. 北京：中国建筑工业出版社，2003.

第四章 基桩检测

第一节 基桩检测内容

基桩检测主要包含两部分内容：单桩承载力；桩身完整性。

单桩承载力检测是确定桩基承担荷载的能力。检测试验又分为：为设计提供依据，确定单桩极限承载力值；检验工程桩承载力是否满足设计使用要求两种。

桩身完整性检测是检验桩基础施工质量，发现由于特殊地质条件和施工质量造成的缺陷桩。评价工程桩桩身质量，并借助其他检测手段验证和判断存在缺陷的性质、位置以及对桩基础承载力是否造成影响。

第二节 基桩检测流程

1. 基桩检测工作流程
(1) 首先接受建设方委托。
(2) 了解检测场地环境情况，以及地质条件情况。
(3) 根据委托方的检测要求和检测场地情况，制定检测方案。
(4) 选择适用于检测要求的仪器设备，组织检测人员小组。
(5) 进行现场测试，完成现场检测数据采集。
(6) 对检测数据进行分析处理。
(7) 判定检测结果，出具检测报告。
2. 检测方案内容
检测方案包含
(1) 工程概况。
① 工程名称。
② 工程地点。
③ 委托单位。
④ 桩型尺寸数量。
⑤ 检测内容和数量。
(2) 检测要求
① 桩基设计要求。
② 施工工艺与方法。
③ 检测周期要求。
(3) 检测准备与完成

① 选用所需设备和仪器。

② 搜集检测所需资料，提出配合检测工作内容。

③ 预计进出场地时间。

④ 提交检测报告时间。

3. 检测报告内容[1]

检测报告所含内容

（1）工程信息

① 工程名称与地点。

② 建设、勘察、设计、监理、施工单位。

③ 建筑物概况与基础形式。

④ 检测要求和检测数量。

⑤ 地质条件。

（2）检测

① 检测日期时间。

② 检测使用设备、仪器型号和编号。

③ 选择的检测方法，依据的规范、规程。

④ 检测结果表。

⑤ 检测结果判定以及扩大检测依据。

（3）检测结论

① 检测评价结论。

② 建议。

（4）附件

带有检测桩位、桩号、检测要求的桩位平面图，所检测桩的检测结果曲线、汇总表、检测工作照片。

第三节 基桩检测方法

基桩检测方法较多，应合理选择适用、便捷、经济的检测方法。但每种检测方法均存在其测试特点和盲区。因此，对于重要工程、重要部位，应尽量选择两种或两种以上检测方法相互补充、相互验证，充分发现桩基的缺陷隐患。各种检测方法见表 4-1。

检测目的及检测方法[1]　　　　　　　　　　　　表 4-1

检 测 目 的	检 测 方 法
确定单桩竖向抗压极限承载力； 判定竖向抗压承载力是否满足设计要求； 通过桩身应变、位移测试,测定桩侧、桩端阻力； 验证高应变法的单桩竖向抗压承载力检测结果	单桩竖向抗压静载检测
确定单桩竖向抗拔极限承载力； 判定竖向抗拔承载力是否满足设计要求； 通过桩身应变、位移测试,测定桩的抗拔摩阻力	单桩竖向抗拔静载检测

检 测 目 的	检 测 方 法
确定单桩水平临界荷载和极限承载力,推定土抗力参数; 判定水平承载力或水平位移是否满足设计要求; 通过桩身应变、位移测试,测定桩身弯矩	单桩水平静载检测
检测灌注桩桩长、桩身混凝土强度、桩底沉渣厚度,判定或鉴别桩端持力层岩土性状,判定桩身完整性类别	钻芯法检测
检测桩身缺陷及其位置,判定桩身完整性类别	低应变法检测
判定单桩竖向抗压承载力是否满足设计要求; 检测桩身缺陷及其位置,判定桩身完整性类别; 分析桩侧和桩端土阻力; 进行打桩过程监控	高应变法检测
检测灌注桩桩身缺陷及其位置,判定桩身完整性类别	声波透射法检测

第四节 基桩检测抽样

1. 检测抽样原则[1]

为设计提供依据,需在工程桩选择确定前,进行施工前的试验桩检测。而工程桩施工后,应对工程桩验收进行检测。

(1) 施工前检测

符合下列情况之一时,应进行施工前试验桩检测。

1) 设计等级为甲级的桩基。

2) 无相关试桩资料可参考的设计等级为乙级的桩基。

3) 地基条件复杂、基桩施工质量可靠性低。

4) 本地区采用的新桩型或采用新工艺成桩的桩基。

试验桩在进行静载荷承载力检测的前后,对试验桩进行完整性检测,确定试验桩身的完整性,判断其对其承载力的影响;检验缺陷在静荷载试验过程中的变化发展。试验桩的试验荷载应加至能确定极限承载力值的荷载。

(2) 验收抽样检测

施工完成后的工程桩应进行单桩承载力和桩身完整性检测。静载荷验收检测的受检桩选择,宜符合下列规定:

1) 施工质量有疑问的桩。

2) 局部地基条件出现异常的桩。

3) 承载力验收检测时部分选择完整性检测中判定的Ⅲ类桩。

4) 设计方认为重要的桩。

5) 施工工艺不同的桩。

6) 除以上受检桩抽样外,其余受检桩的检测且宜均匀或随机选择。

验收检测时,宜先进行桩身完整性检测,后进行承载力检测。桩身完整性检测应在桩基施工至设计标高后进行。检测荷载应加至设计单桩承载力极限值。

2. 检测抽样比例[1]

（1）承载力检测

1）采用静载试验方法确定单桩极限承载力，试验桩检测数量应满足设计要求，且在同一条件下不应少于 3 根，当预计工程桩总数小于 50 根时，检测数量不应少于 2 根。

2）采用高应变法进行试打桩的打桩过程监测。在相同施工工艺和相近地基条件下，试打桩数量不应少于 3 根。

3）工程桩验收，采用单桩静载抗压、抗拔、水平试验检测，检测数量不应少于同一条件下桩基分项工程总桩数的 1%，且不应少于 3 根；当总桩数小于 50 根时，检测数量不应小于 2 根。

4）预制桩和满足高应变法适用范围的灌注桩，可采用高应变法检测单桩竖向抗压承载力，检测数量不宜少于总桩数的 5%，且不得少于 5 根。高应变法可作为单桩竖向抗压承载力验收检测的补充。

（2）完整性检测

基桩完整性时，设计等级为甲级，或地基条件复杂，成桩质量可靠性较低的灌注桩工程。应采用两种或两种以上的检测方法。

1）采用低应变法检测，检测数量不应少于总桩数的 30%，且不应少于 20 根；其他桩基工程，检测数量不应少于总桩数的 20%，且不应少于 10 根。承台桩每个柱下检测桩数不应少于 1 根。

2）采用声波透射法、钻芯法进行桩身完整性检测，检测数量不应少于总桩数的 10%。

3）采用钻芯法测定桩底沉渣厚度，并钻取桩端持力层岩土芯样检验桩端持力层，检测数量不应少于总桩数的 10%，且不应少于 10 根。

4）采用深层平板载荷试验或岩基平板载荷试验，检测应符合国家现行标准《建筑地基基础设计规范》GB 50007—2011 和《建筑桩基技术规范》JGJ 94—2008 的有关规定，检测数量不应少于总桩数的 1%，且不应少于 3 根。

3. 验证与扩大检测[1]

（1）对低应变法检测中不能明确完整性类别的桩或Ⅲ类桩，可根据实际情况采用静载法、钻芯法、高应变法、开挖等方法进行验证检测。

（2）当采用低应变法、高应变法和声波透射法检测桩身完整性发现有Ⅲ、Ⅳ类桩存在，且检测数量覆盖的范围不能为补强或设计变更方案提供可靠依据时，宜采用原检测方法，在未检桩中继续扩大抽检。当原检测方法为声波透射法时，可改用钻芯法。扩大检测时应得到工程建设有关方的确认。

本章参考文献

[1] 中国建筑科学研究院. 建筑基桩检测技术规范 JGJ 106—2014 [S]. 北京：中国建筑工业出版社，2014.

第五章　基桩的施工过程检测

目前，世界各国对基桩检测的侧重点有所不同：一些国家重视基桩施工过程检测，如基桩成孔检测、混凝土浆体检测、钢筋笼质量检测等，而一般忽略成桩后的承载力检测静载荷检测，仅进行成桩后的完整性检测。而我国一直延续以往的传统检测理念，注重施工后的工程桩检测。近年来我国也正在从重视桩基施工后检测，逐渐增加施工过程检测，如一些地方已出台有关基桩的成孔检测规程。

第一节　基桩成孔检测

通过使用仪器实际测量钻孔灌注桩施工过程中桩孔的成孔质量，检测结果可直接描述沿深度方向的孔径变化、孔壁垂直度、孔底沉渣厚度的情况，判定桩的成孔质量。

1. 基本规定

检测单位须具备相关检测资质。检测人员必须经过专项培训，并通过考试获得专项检测培训证书。

除应在工程桩基施工过程中，对桩孔成孔质量进行检测，并且在工程桩施工前还应进行试成孔检测。

2. 试成孔检测

（1）等直径桩试成孔检测宜在成孔后 24h 内完成，检测次数采用等间隔不少于 4 次，每次检测应定向完成。

（2）非直径桩试成孔检测应在成孔后 1h 内等间隔检测不少于 3 次，每次检测应定向完成。

3. 检测仪器

检测单位应通过专项计量认证。检测仪器通过计量检定或校准。检测仪器分为：超声波检测仪、井径仪两种。

4. 检测数量

（1）等直径桩检测数量应不少于总桩数的 20%，且不少于 10 个桩孔，柱下三桩以下的应不少于 1 个桩孔。

（2）挤扩桩检测数量应不少于总桩数的 30%，且不少于 20 个桩孔，柱下三桩以下的应不少于 1 个桩孔。

（3）交通部门的桥梁桩应 100% 检测。

（4）同桩型，试成孔检测不应少于 3 个桩孔。

5. 检测抽样

成孔检测抽样原则

（1）施工质量有疑问的孔。

（2）不同编号设备或采用不同施工工艺的孔。

（3）地质条件复杂，易发生倾斜、塌孔、缩径的孔。

（4）设计结构部位重要的孔。

（5）其他随机抽样，均匀分布。

6. 检测数据[1]

通过检测应提供以下数据

（1）实测孔深。

（2）最大孔径。

（3）最小孔径。

（4）平均孔径。

（5）垂直度。

（6）沉渣厚度。

（7）成孔质量。

7. 检测报告[1]

检测报告所含内容

（1）工程信息

1）工程名称与地点。

2）建设、勘察、设计、监理、施工单位。

3）建筑物概况与基础形式。

4）检测要求和检测数量。

5）地质条件。

（2）检测

1）检测日期时间。

2）检测使用设备、仪器型号和编号。

3）选择的检测方法，依据的规范、规程。

4）检测结果表。

5）检测结果判定以及扩大检测依据。

（3）检测结论

1）检测评价结论。

2）建议。

（4）附件

带有检测桩位、桩号、检测要求的桩位平面图，所检测桩的检测结果曲线、汇总表、检测工作照片。

第二节　超声波检测法

1. 一般规定[1]

（1）本方法适用于检测孔径不小于 0.6m，不大于 5.0m 桩孔的孔壁变化情况、孔径垂直度、实测孔深。

（2）当检测泥浆护壁的桩孔时，泥浆比重应小于1.2。

泥浆性能指标 表 5-1

项　　目	性能指标
重度	$<12.0(kN/m^3)$
黏度	$18\sim25(s)$
含砂量	$<4\%$

（3）检测中应采取有效手段，保证检测信号清晰有效。

2. 检测仪器[1]

超声波法检测仪器设备应符合下列规定

（1）孔径检测精度不低于±0.2%F·S。

（2）孔深度检测精度不低于±0.3%F·S。

（3）测量系统为超声波脉冲系统。

（4）超声波工作频率应满足检测精度要求。

（5）脉冲重复频率应满足检测精度要求。

（6）检测通道应至少二通道。

（7）记录方式为模拟式或数字式。

（8）具有自校功能。

3. 仪器标定[1]

（1）超声波法检测仪器进入现场前应利用自校程序进行标定，每孔测试前应利用护筒直径或导墙的宽度作为标准距离标定仪器系统。标定应至少进行2次。

（2）标定完成后应及时锁定标定旋钮，在该孔的检测过程中不得变动。

4. 钻孔灌注桩成孔检测[1]

（1）超声波法成孔检测，应在钻孔清孔完毕，孔中泥浆内气泡基本消散后进行。

（2）仪器探头宜对准桩孔中心。

（3）检测宜自孔口至孔底或孔底至孔口连续进行。

（4）检测中探头升降速度不应大于10m/min。

（5）应正交 x-x′、y-y′二方向检测，直径大于4m的桩孔、试成孔及静载荷试桩孔应增加检测方位。应标明检测剖面 x-x′、y-y′等走向与实际方位的关系。

5. 检测数据的处理[1]

（1）超声波在泥浆介质中传播速度可按下式计算

$$c=2(d_0-d')/(t_1+t_2) \tag{5.2.1}$$

式中：c——超声波在泥浆介质中传播的速度（m/s）；

d_0——护筒直径（m）；

d'——两方向相反换能器的发射（接收）面之间的距离（m）；

t_1、t_2——对称探头的实测声时（s）。

（2）孔径可按下式计算

$$d=d'+c(t_1+t_2)/2 \tag{5.2.2}$$

式中：d——实测孔径（m）；

c——超声波在泥浆介质中传播的速度（m/s）；

d'——两方向相反换能器的发射（接收）面之间的距离（m）；

t_1、t_2——对称探头的实测声时（s）。

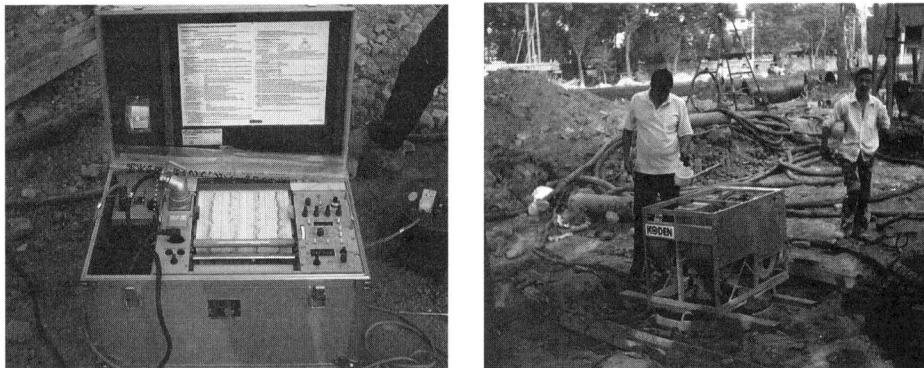

图 5-1　超声波现场检测照片

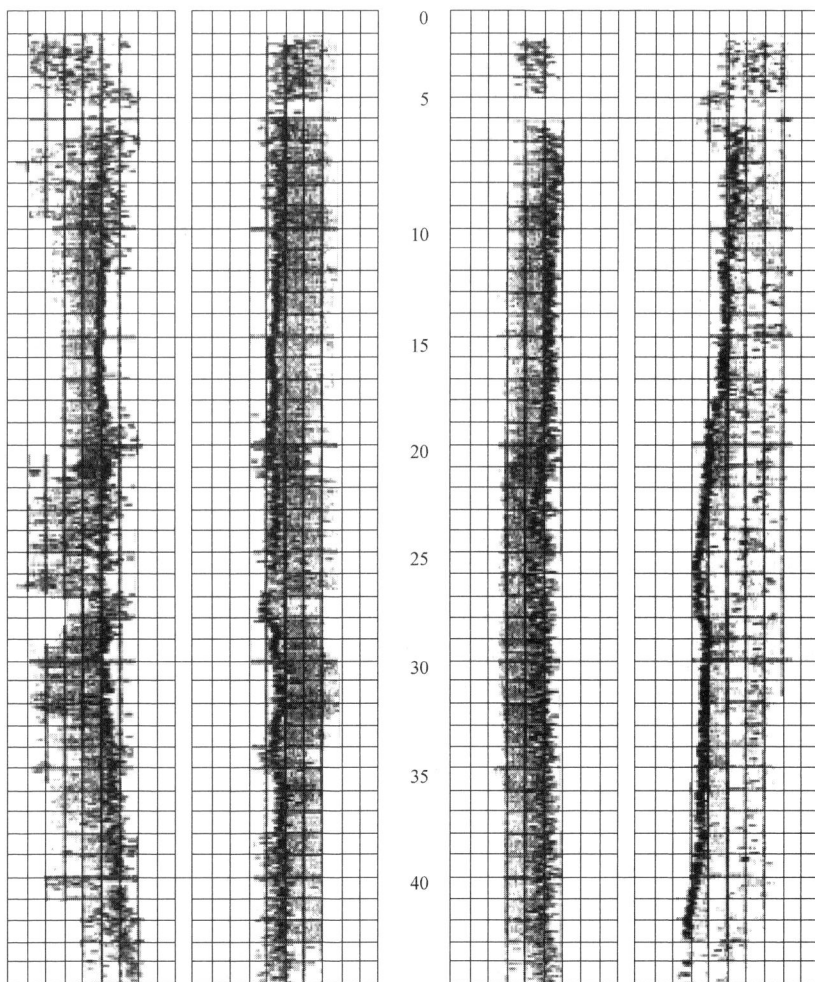

图 5-2　超声波检测曲线图

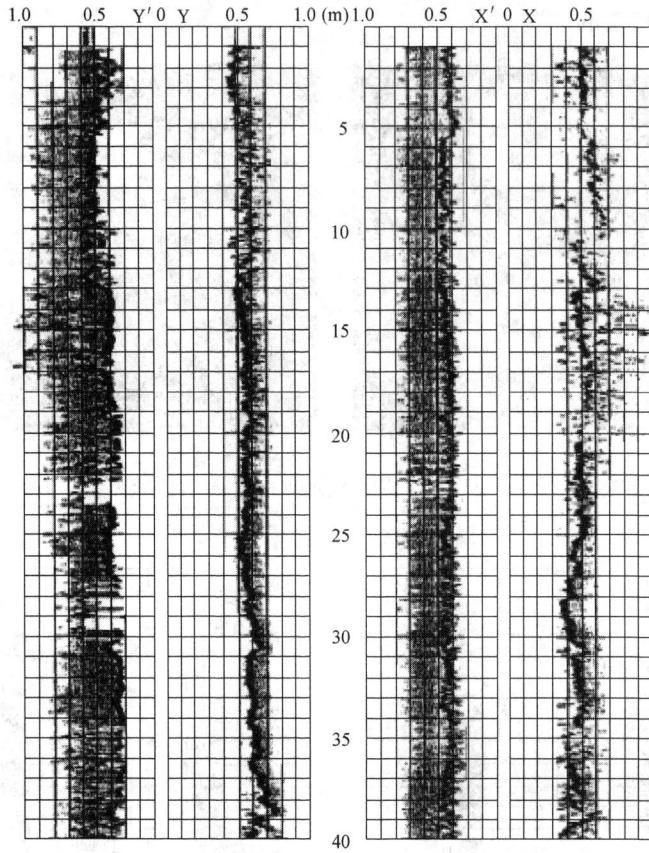

图 5-2　超声波检测曲线图（续）

（3）孔垂直度可按下式计算

$$K=(E/L)\times100\%　　　　　　　　　　(5.2.3)$$

式中：E——孔的偏心距（m）；

　　　L——实测孔深度（m）。

（4）现场检测记录图应满足下列要求

1）有明显的刻度标记，能准确显示任何深度截面的孔径及孔壁的形状；

2）标记检测时间、设计孔径、检测方向及孔底深度。

（5）记录图纵横比例尺，应根据设计孔径及孔深合理设定，并应满足分析精度需要。

第三节　井径仪检测法

1. 一般规定[1]

（1）本方法适用于检测钻孔灌注桩成孔的孔径、孔深、垂直度及钻孔灌注桩成孔的沉渣厚度。

（2）检测设备应由伞形孔径仪、专用测斜仪及沉渣测定仪组成。

2. 检测仪器设备[1]

（1）接触式仪器组合法采用的各种仪器设备应具备标定装置。标定装置应经国家法定计量检测机构检定合格。

（2）伞形孔径仪应符合下列规定

1）被测孔径小于1.2m时，孔径检测误差≤±15mm，被测孔径大于等于1.2m时，孔径检测误差≤±25mm。

2）孔深检测精度不低于0.3%。

3）探头绝缘性能不小于100MΩ/500V，在潮湿情况下不小于2MΩ/500V。

（3）专用测斜仪应符合下列规定

1）顶角测量范围：0°~10°。

2）顶角测量误差：≤±10′。

3）分辨率不低于36″。

4）孔深检测精度：不大于0.3%。

（4）沉渣测定仪应符合下列规定

1）可以是根据不同方法原理检测沉渣厚度的相关仪器或检测工具。

2）检测精度满足评价要求。

3. 仪器标定[1]

（1）接触式仪器组合法检测仪器进入现场前应利用自校程序进行标定，每孔测试后应利用护筒直径作为标准距离检查仪器系统。

（2）标定完成后应及时输入标定参数，在成孔的检测过程中不得变动。

4. 钻孔灌注桩成孔孔径检测[1]

（1）接触式仪器组合法钻孔灌注桩成孔孔径检测，应在钻孔清孔完毕后进行。

（2）伞形孔径仪进入现场检测前应进行标定，标定应按有关的要求进行。标定完毕后恒定电流源电流和量程，仪器常数及起始孔径在检测过程中不得变动。

（3）检测前应校正好自动记录仪的走纸与孔口滑轮的同步关系。

（4）检测前应将深度起算面与钻孔钻进深度起算面对齐，以此计算孔深。

（5）孔径检测应自孔底向孔口连续进行。

（6）检测中探头应匀速上提，提升速度应不大于10m/min。孔径变化较大处，应降低探头提升速度。

（7）检测结束时，应根据孔口护筒直径的检测结果，再次标定仪器的测量误差，必要时应重新标定后再次检测。

（8）孔径记录图应满足下列要求

1）有明显孔径及深度的刻度标记，能准确显示任何深度截面的孔径

2）有设计孔径基准线、基准零线及同步记录深度标记。

3）记录图纵横比例尺，应根据设计孔径及孔深合理设定，并应满足分析精度需要。

（9）孔径 d 可按下式计算

$$D = D_0 + k \times \Delta V / I \qquad (5.3.1)$$

式中：D_0——起始孔径（m）；

　　　　k——仪器常数（m/Ω）；

　　　　ΔV——信号电位差（V）；

I——恒定电流源电流（A）。

5. 钻孔灌注桩成孔垂直度检测[1]

（1）接触式仪器组合法钻孔灌注桩成孔垂直度检测应采用顶角测量方法。

（2）专用测斜仪进入现场检测前应进行标定，标定应按照附录C的要求进行。

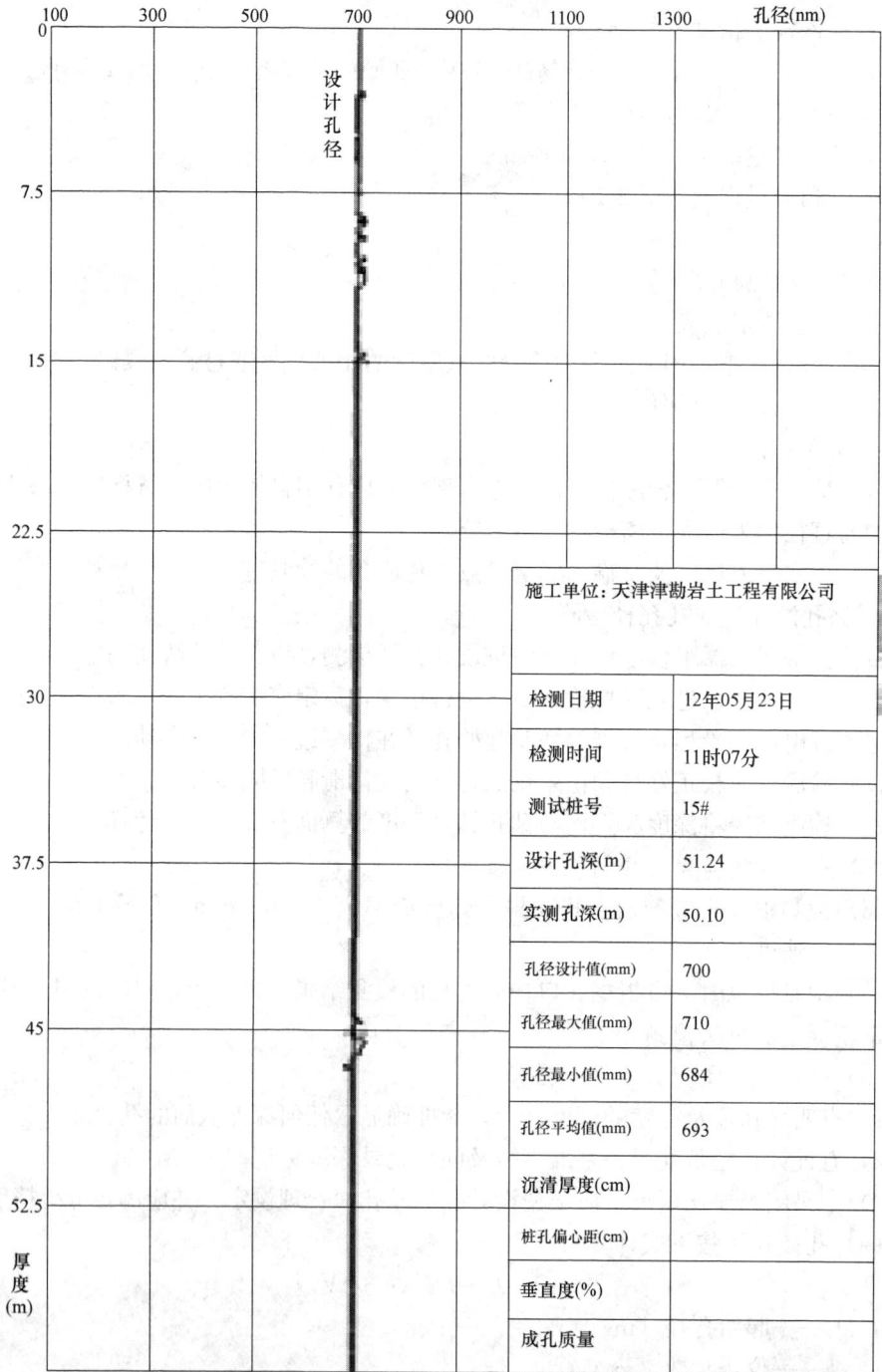

施工单位：天津津勘岩土工程有限公司	
检测日期	12年05月23日
检测时间	11时07分
测试桩号	15#
设计孔深(m)	51.24
实测孔深(m)	50.10
孔径设计值(mm)	700
孔径最大值(mm)	710
孔径最小值(mm)	684
孔径平均值(mm)	693
沉渣厚度(cm)	
桩孔偏心距(cm)	
垂直度(%)	
成孔质量	

图 5-3　井径仪检测曲线图

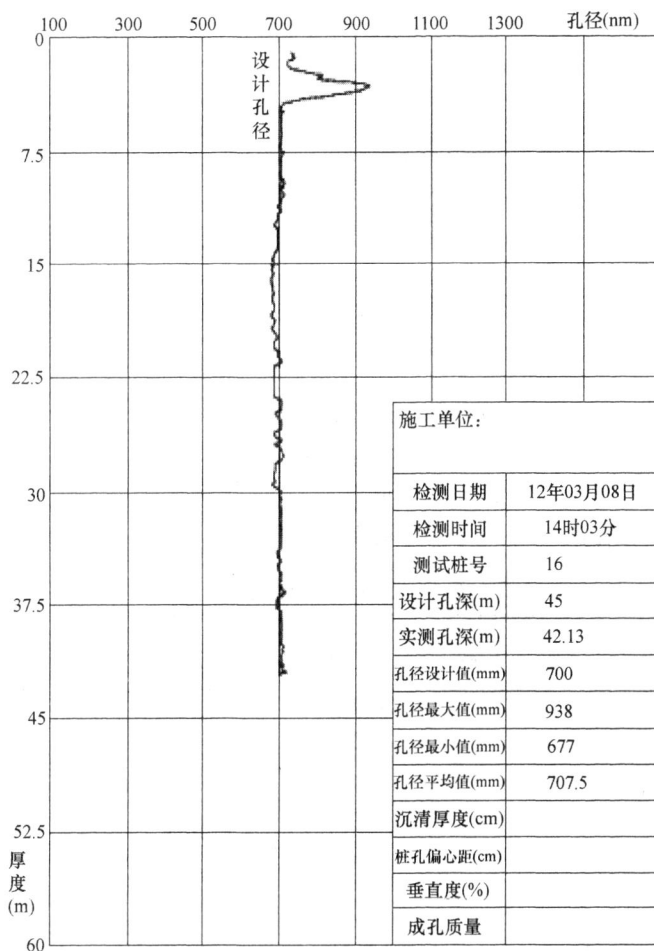

图 5-3 井径仪检测曲线图（续）

（3）桩孔垂直度检测通常可在钻孔内直接进行，大直径桩孔的垂直度检测宜在一次清孔完毕后，在未提钻的钻具内进行。

（4）钻孔内直接测斜应外加扶正器，宜在孔径检测完成后进行。

（5）应根据孔径检测结果合理选择不同直径的扶正器。

（6）桩孔垂直度检测应避开明显扩径段。

（7）检测前应进行孔口校零。

（8）应自孔口向下分段检测，测点距不宜大于 5m，在顶角变化较大处加密检测点数。必要时应重复检测。

（9）桩孔垂直度 K 可按下式计算

$$K = (E/L) \times 100\% \tag{5.3.2}$$

$$E = d/2 - \Phi/2 + \sum h_i \times \sin[(\theta_i + \theta_{i-1})/2] \tag{5.3.3}$$

式中：E——桩孔偏心距（m）；

L——实测桩孔深度（m）；

47

d——孔径或钻具内径（m）；

Φ——斜侧探头或扶正器外径（m）；

h_i——第 i 段测点距（m）；

θ_i——第 i 测点实测顶角（°）；

θ_{i-1}——第 $i-1$ 测点实测顶角（°）。

6. 沉渣厚度检测[1]

（1）接触式仪器组合法钻孔灌注桩成孔、地下连续墙成槽的沉渣厚度检测，宜在清槽完毕后，灌注混凝土前进行。

（2）沉渣厚度检测应至少进行 3 次，取 3 次检测数据的平均值为最终检测结果。

第四节 检测结果评价标准

依据《建筑地基基础工程施工质量验收规范》GB 50202—2002 有关条款，混凝土灌注桩孔径与垂直度、孔深与沉渣厚度要求应遵循表 5-2 和表 5-3：

混凝土灌注桩孔径与垂直度的允许偏差[2]　　　　　　表 5-2

序号	成桩方法		孔径允许偏差（mm）	垂直度允许偏差（%）
1	泥浆护壁灌注桩	$D\leqslant1000mm$	±50	<1
		$D>1000mm$	±50	
2	套管成孔灌注桩	$D\leqslant500mm$	−20	<1
		$D<500mm$		
3	干成孔灌注桩		−20	<1
4	人工挖孔桩	混凝土护壁	±50	<0.5
		钢套管护壁	±50	<1

混凝土灌注桩孔深与沉渣厚度的允许偏差[1]　　　　　　表 5-3

序号	检测项目	桩型	允许偏差或允许值	
			单位	数量
1	桩孔深		mm	+300
2	沉渣厚度	端承桩	mm	≤50
		摩擦桩	mm	≤150

本章参考文献

[1] 天津市地质工程勘察院. 钻孔灌注桩成孔、地下连续墙成槽检测技术规程 T29-112-2010 [S]. 天津, 2010.

[2] 上海市基础工程公司. 建筑地基基础工程施工质量验收规范 GB 50202—2002 [S]. 北京：中国计划出版社，2002.

第六章　基桩竖向抗压静载荷检测

基桩静载竖向抗压检测是桩基承载力的主要检测方法。我国早在20世纪六七十年代，就已开始采用基桩静载竖向抗压检测确定单桩极限承载力值。基桩静载竖向抗压检测方法是一种比较直接、真实的方法，它是在反映现场地质条件下确定单桩承载力能力的检测方法。检测方法根据反力提供方式不同，又分为锚桩法、堆载法、锚桩加配重法。检测结果可确定单桩所受荷载与沉降变形的关系。通过此关系可推导建筑物的沉降量。通过检测桩内力，可验证勘察报告提供的地质条件下，各层岩土摩阻力系数值。但是，此检测方法存在检测周期长、检测费用高的缺点。

检测设备仪器安装示意图见图6-1和图6-2。

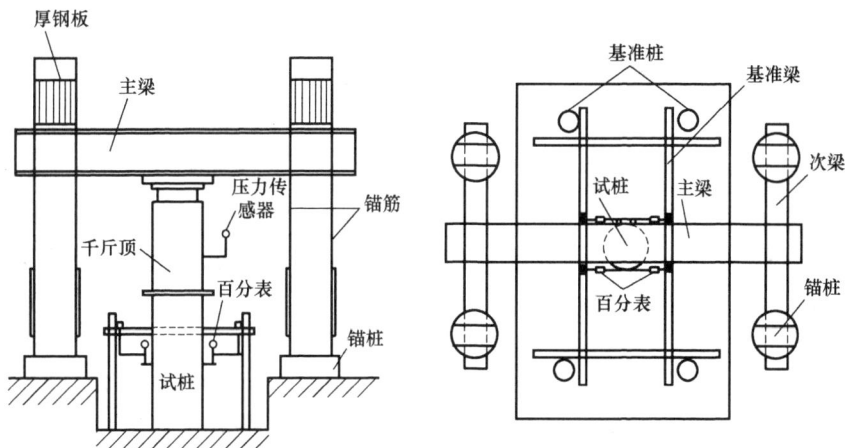

图 6-1　单桩竖向静载试验装置（锚桩法）

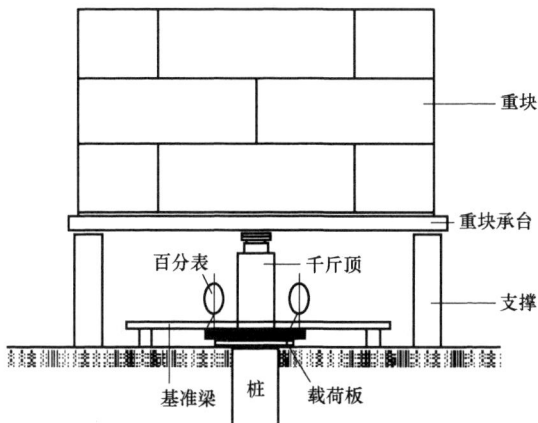

图 6-2　单桩竖向静载试验装置（堆载法）

第一节 检测一般规定

1. 一般规定[1]

（1）本方法适用于检测基桩竖向抗压承载能力。

（2）当需检测或验证该桩地质条件下，各岩土层摩阻力特性时，应在桩身内安装应力检测传感器，测得桩身不同深度轴力情况，导出各层岩土的摩阻力。

（3）为设计提供依据的试验桩，荷载应加至能确定极限值的破坏荷载；工程桩验收，荷载应加至设计极限值。

（4）为设计提供依据的试验桩检测，应选用慢速维持荷载法。当具有地区成熟经验条件下，工程桩验收可采用快速维持荷载法检测。

2. 检测仪器、设备[1]

（1）检测使用的仪器、传感器必须经过计量认证和检定校准。

（2）荷重传感器、压力传感器或压力表的准确度应优于或等于0.5级。试验用压力表、油泵、油管在最大加载时的压力不应超过规定工作压力的80%。沉降测量宜采用大量程的位移传感器或百分表，测量误差不得大于0.1%FS，分度值/分辨力应优于或等于0.01mm。

（3）检测设备能力

1）反力荷载（如：锚桩数量、配重荷载）必须满足检测要求的能力。锚桩数量不宜少于4根，工程桩作锚桩时应对锚桩上拔量进行监测；配重反力不得小于最大加载值的1.2倍。

2）反力装置（如：反力梁、荷载承台）必须达到检测要求的能力。反力梁、荷载承台构件的刚度和变形应满足承载力和变形的要求。

3）基准梁长度和刚度必须达到检测要求的能力。

试桩、锚桩（或压重平台支墩边）和基准桩之间的中心距离见表6-1。

试桩、锚桩（或压重平台支墩边）和基准桩之间的中心距离 　　　　表6-1

反力装置	距离		
	试桩中心与锚桩中心 （或压重平台支墩边）	试桩中心与基准桩中心	基准桩中心与锚桩中心 （或压重平台支墩边）
锚桩横梁	≥4(3)D且>2.0m	≥4(3)D且>2.0m	≥4(3)D且>2.0m
压重平台	≥4(3)D且>2.0m	≥4(3)D且>2.0m	≥4(3)D且>2.0m
地锚装置	≥4D且>2.0m	≥4(3)D且>2.0m	≥4D且>2.0m

注：1. D为试桩、锚桩或地锚的设计直径或边宽，取其较大者。

　　2. 括号内数值可用于工程桩验收检测时多排桩设计桩中心距离小于4D或压重平台支墩下2~3倍宽影响范围内的地基土已进行加固处理的情况。

4）压重宜在检测前一次加足，并均匀稳固地放置于平台上，且压重施加于地基的压应力不宜大于地基承载力特征值的1.5倍；有条件时，宜利用工程桩作为堆载支点。

第二节 现场检测

1. 检测准备[1]

（1）检测之前、后应对被检测桩进行低应变检测桩身完整性。

（2）验算检测设备是否满足检测要求。

（3）按照要求安装检测仪器、设备。

（4）被检桩的尺寸、施工工艺及质量控制标准，应与设计要求一致。

（5）被检测桩头已剔除浮浆至密实的混凝土面，且达到设计桩顶标高。

（6）验证被检测桩应达到设计强度。

（7）选择合理的检测方式：慢速维持荷载法、快速维持荷载法。

（8）千斤顶的合力中心应与受检桩的横截面形心重合。

（9）直径或边宽大于 500 mm 的桩，应在其两个方向对称安置 4 个位移测试仪表，直径或边宽小于等于 500mm 的桩可对称安置 2 个位移测试仪表。沉降测定平面宜设置在桩顶以下 200mm 的位置，测点应固定在桩身上。

（10）基准梁应具有足够的刚度，梁的一端应固定在基准桩上，另一端应简支于基准桩上。固定和支撑位移计（百分表）的夹具及基准梁不得受气温、振动及其他外界因素的影响；当基准梁暴露在阳光下时，应采取遮挡措施。

2. 检测过程[1]

（1）检测荷载分级：每级为预估最大荷载的 1/10，第一级加载量可取分级荷载的 2 倍。

（2）卸载等级为加载分级的 2 倍。

（3）加、卸载时，应使荷载传递均匀、连续、无冲击，且每级荷载在维持过程中的变化幅度不得超过分级荷载的 ±10%。

（4）慢速维持荷载法检测，待每级荷载下沉降值达到稳定后施加下一级。快速维持荷载法的每级荷载维持时间不应少于 1h，且当本级荷载作用下的桩顶沉降速率收敛时，可施加下一级荷载。

（5）加载时沉降量观测时间间隔：5min、15min、30min、45min、60min 读取，以后每隔 30min 测读一次桩顶沉降量。

（6）沉降量稳定标准：每 1h 内的桩顶沉降量不得超过 0.1mm，并连续出现两次（从分级荷载施加后第 30min 开始，按 1.5h 连续三次每 30min 的沉降观测值计算）。

（7）卸载时，每级荷载应维持 1h，分别按第 15min、第 30min、第 60min 测读桩顶沉降量后，即可卸下一级荷载；卸载至零后，应测读桩顶残余沉降量，维持时间不得少于 3h，测读时间分别为第 15min、第 30min，以后每隔 30min 测读一次桩顶残余沉降量。

（8）检测试验破坏标准，当出现下列情况之一时，可终止加载：

1）某级荷载作用下，桩顶沉降量大于前一级荷载作用下的沉降量的 5 倍，且桩顶总沉降量超过 40mm。

2）某级荷载作用下，桩顶沉降量大于前一级荷载作用下沉降量的 2 倍，且经 24h 尚未达到相对稳定标准。

3）已达到设计要求的最大加载值，且桩顶沉降达到相对稳定标准。

4）工程桩作锚桩时，锚桩上拔量已达到允许值。

5）荷载-沉降曲线呈缓变形时，可加载至桩顶总沉降量 60~80mm；当桩端阻力尚未充分发挥时，可加载至桩顶累计沉降量超过 80mm。

第三节   检测结果与判定

1. 检测结果：应绘制竖向荷载-沉降（Q-s）、沉降-时间对数（s-$\lg t$）曲线和数据汇总表；也可绘制其他辅助分析曲线（见图 6-3）[1]。

工程名称:固体制剂车间87#					试验桩号:87#				
测试日期: 2012−04−20			桩长:23.0m				桩径:400mm		
荷载(kN)	0	300	450	600	750	900	1050	1200	1350	1500
沉降(nm)	0.00	0.28	0.59	1.09	1.93	3.11	4.60	6.69	9.36	12.63

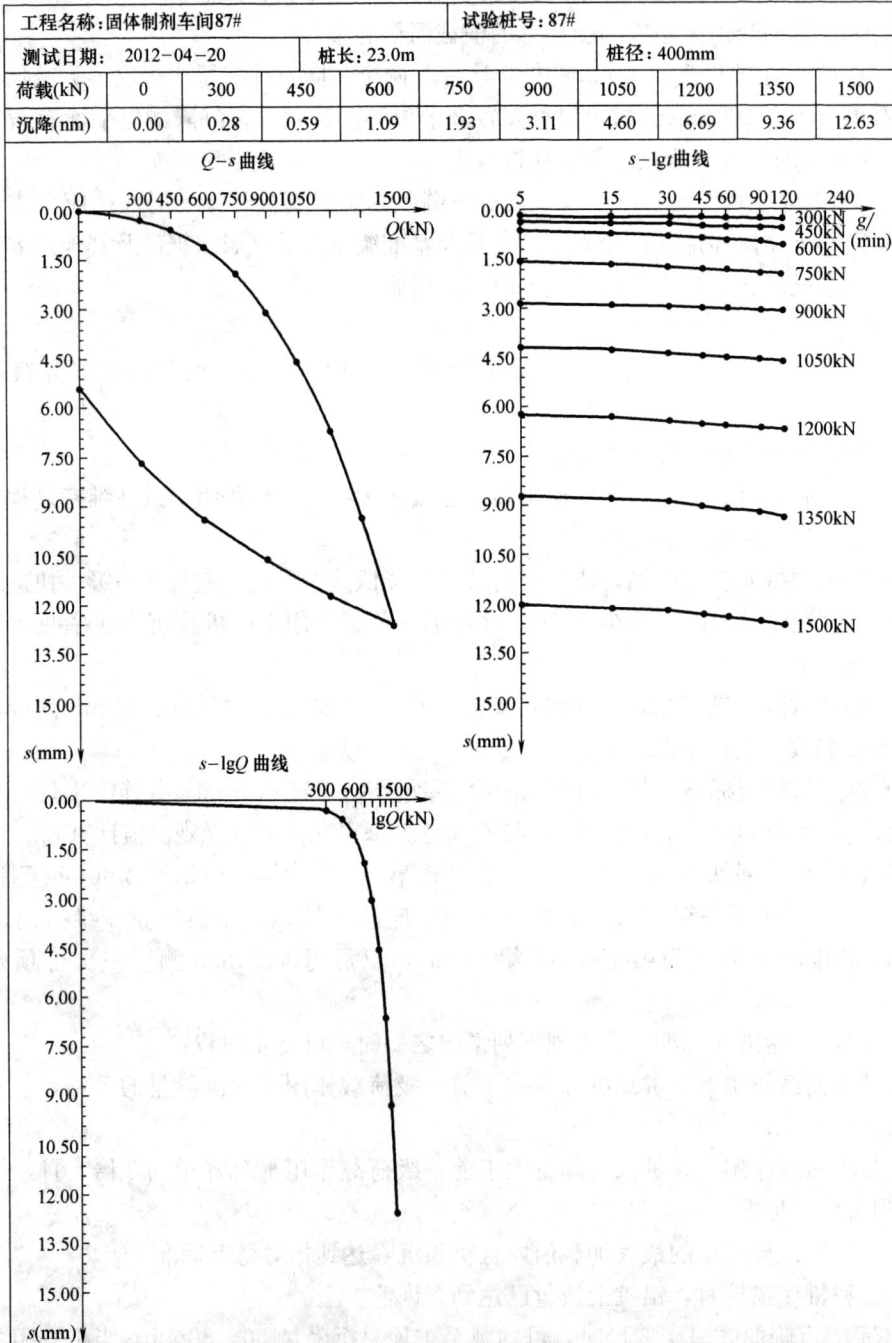

图 6-3   静载荷抗压检测曲线

2. 基桩竖向极限抗压承载力确定[1]

单桩竖向抗压极限承载力应按下列方法分析确定：

（1）根据沉降随荷载变化的特征确定：对于陡降型 Q-s 曲线，应取其发生明显陡降的起始点对应的荷载值；

（2）根据沉降随时间变化的特征确定：取 s-lg$t$ 曲线尾部出现明显向下弯曲的前一级荷载值；

（3）达到检测终止荷载时，宜取破坏荷载的前一级荷载值；

（4）对于缓变形 Q-s 曲线，宜根据桩顶总沉降量，取 s 等于 40mm 对应的荷载值；对 D（D 为桩端直径）大于等于 800mm 的桩，可取 s 等于 $0.05D$ 对应的荷载值；当桩长大于 40m 时，宜考虑桩身弹性压缩。

（5）不满足以上情况时，桩的竖向抗压极限承载力宜取最大加载值。

（6）为设计提供依据的试桩竖向抗压极限承载力的统计取值：对参加计算平均的试验桩检测结果，当极差不超过平均值的 30％时，可取其计算平均值为单桩竖向抗压极限承载力；当极差超过平均值的 30％时，应分析原因，结合桩型、施工工艺、地基条件、基础形式等工程具体情况综合确定极限承载力；不能明确极差过大的原因时，宜增加试桩数量。试验桩数量小于 3 根或桩基承台下的桩数不大于 3 根时，应取低值。

3. 基桩竖向承载力特征值确定：取单桩竖向抗压极限承载力的 1/2 取值。[1]

第四节　检测报告

检测报告所含内容

1. 工程信息[1]

（1）工程名称与地点。

（2）建设、勘察、设计、监理、施工单位。

（3）建筑物概况与基础形式。

（4）检测要求和检测数量。

（5）受检桩型尺寸。

（6）地质条件。

2. 检测[1]

（1）检测日期时间。

（2）检测使用设备、仪器型号和编号。

（3）选择的检测方法，依据的规范、规程。

（4）检测结果表。

（5）检测结果判定以及扩大检测依据。

3. 检测结论[1]

（1）检测评价结论。

（2）建议。

4. 附件[1]

检测设备安装示意图。带有检测桩位、桩号、检测要求的桩位平面图，所检测桩的检

图 6-4 单桩竖向抗压检测照片

测结果曲线、汇总表、检测工作照片。

本章参考文献

[1] 中国建筑科学研究院. 建筑基桩检测技术规范 JGJ 106—2014 [S]. 北京：中国建筑工业出版社，2014.

第七章　基桩竖向抗拔静载荷检测

基桩竖向静载荷抗拔检测是确定单桩竖向抗拔承载能力（见图 7-1）。其检测操作类似基桩竖向抗压静载荷检测，只是基桩荷载施加方向相反。在实际情况下，纯抗拔桩多用于地下建筑物的抗浮，如：加油站的地下油罐抗浮、地下室抗浮、树根桩抗拔等等。当建筑物受水平荷载作用时，水平荷载作用方向一侧的桩在受水平荷载同时，桩还承受上拔荷载。

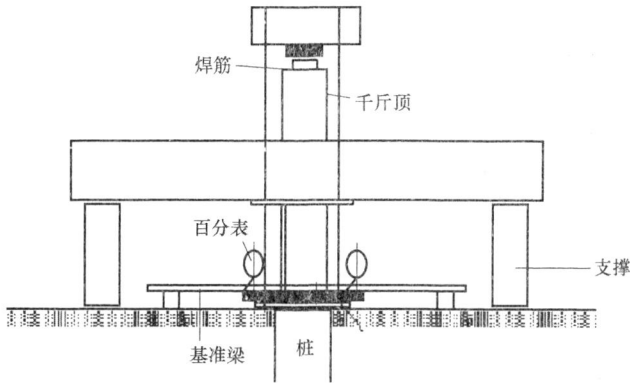

图 7-1　单桩竖向静载荷抗拔

第一节　检测一般规定

1. 一般规定[1]

（1）本方法适用于检测基桩竖向抗拔承载能力。

（2）当需检测或验证该桩地质条件下，各岩土层摩阻力特性时，应在桩身内安装应力检测传感器，测得桩身不同深度轴力情况，导出各层岩土的摩阻力。

（3）为设计提供依据的试验桩，荷载应加至能确定极限值的破坏荷载；工程桩验收，荷载应加至设计极限值。

（4）基桩竖向抗拔静载荷检测应选用慢速维持荷载法。设计有要求时，可采用多循环加、卸载方法或恒载法。

2. 检测仪器、设备[1]

（1）检测使用的仪器、传感器必须经过计量认证和检定校准。

（2）荷重传感器、压力传感器或压力表的准确度应优于或等于 0.5 级。试验用压力表、油泵、油管在最大加载时的压力不应超过规定工作压力的 80%。沉降测量宜采用大量程的位移传感器或百分表，测量误差不得大于 0.1%FS，分度值/分辨力应优于或等于 0.01mm。

（3）检测设备能力

1）锚拉钢筋抗拉强度必须满足检测要求的能力。锚拉钢筋焊接焊缝强度应满足金属焊接拉应力要求。

2）反力装置（如：反力梁）必须达到检测要求的能力。反力梁构件的刚度和变形应满足承载力和变形的要求。

3）基准梁长度和刚度必须达到检测要求的能力。

4）压重施加于地基的压应力不宜大于地基承载力特征值的 1.5 倍；有条件时，宜利用工程桩作为堆载支点。

第二节　现　场　检　测

1. 检测准备[1]

（1）在抗拔检测前、后应采用低应变法检测受检桩的桩身完整性。为设计提供依据的抗拔灌注桩，施工时应进行成孔质量检测，桩身中、下部位出现明显扩径的桩，不宜作为抗拔试验桩；对有接头的预制桩，应复核接头强度。

（2）验算检测设备是否满足检测要求。

（3）按照要求安装检测仪器、设备。

（4）被检桩的尺寸、施工工艺及质量控制标准，应与设计要求一致。

（5）被检测桩顶应达到设计桩顶标高。

（6）验证被检测桩应达到设计强度。

（7）选择合理的检测方式：慢速维持荷载法、多循环加、卸荷载法或恒载法。

（8）千斤顶的合力中心应与受检桩的横截面形心重合。

（9）直径或边宽大于 500 mm 的桩，应在其两个方向对称安置 4 个位移测试仪表，直径或边宽小于等于 500mm 的桩可对称安置 2 个位移测试仪表。沉降测定平面宜设置在桩顶以下 1 倍的位置，测点应固定在桩身上，不得设置在受拉钢筋上；对于大直径灌注桩，可设置在钢筋笼内侧的桩顶面混凝土上。

（10）基准梁应具有足够的刚度，梁的一端应固定在基准桩上，另一端应简支于基准桩上。固定和支撑位移计（百分表）的夹具及基准梁不得受气温、振动及其他外界因素的影响；当基准梁暴露在阳光下时，应采取遮挡措施。

2. 检测过程[1]

慢速维持荷载法：

（1）检测荷载分级：每级为预估最大荷载的 1/10，第一级加载量可取分级荷载的 2 倍。

（2）卸载等级为加载分级的 2 倍。

（3）加、卸载时，应使荷载传递均匀、连续、无冲击，且每级荷载在维持过程中的变化幅度不得超过分级荷载的 ±10%。

（4）慢速维持荷载法检测，待每级荷载下沉降值达到稳定后施加下一级。

（5）加载时沉降量观测时间间隔：5min、15min、30min、45min、60min 读取，以后每隔 30min 测读一次桩顶沉降量。

（6）沉降量稳定标准：每 1h 内的桩顶沉降量不得超过 0.1mm，并连续出现两次（从分级荷载施加后第 30min 开始，按 1.5h 连续三次每 30min 的沉降观测值计算）。

（7）卸载时，每级荷载应维持 1h，分别按第 15min、第 30min、第 60min 测读桩顶沉降量后，即可卸下一级荷载；卸载至零后，应测读桩顶残余沉降量，维持时间不得少于 3h，测读时间分别为第 15min 和第 30min，以后每隔 30min 测读一次桩顶残余沉降量。

（8）检测试验破坏标准，当出现下列情况之一时，可终止加载。

① 在某级荷载作用下，桩顶上拔量大于前一级上拔荷载作用下的上拔量 5 倍。

② 按桩顶上拔量控制，累计桩顶上拔量超过 100mm。

③ 按钢筋抗拉强度控制，钢筋应力达到钢筋强度设计值，或某根钢筋拉断。

④ 对于工程桩验收检测，达到设计或抗裂要求的最大上拔量或上拔荷载值。

第三节　检测结果与判定

1. 检测结果

应绘制上拔荷载-桩顶上拔量（U-δ）关系曲线和桩顶上拔量-时间对数（δ-$\lg t$）关系曲线和数据汇总表；也可绘制其他辅助分析曲线。[1]

2. 基桩竖向抗拔极限承载力确定[1]

单桩竖向抗拔极限承载力应按下列方法分析确定

（1）根据上拔量随荷载变化的特征确定：对陡变形 U-δ 曲线，应取陡升起始点对应的荷载值。

（2）根据上拔量随时间变化的特征确定：应取 δ-$\lg t$ 曲线斜率明显变陡或曲线尾部明显弯曲的前一级荷载值。

（3）当在某级荷载下抗拔钢筋断裂时，应取前一级荷载值。

（4）当验收检测的受检桩在最大上拔荷载作用下，不满足以上情况时，单桩竖向抗拔极限承载力应按下列情况对应的荷载值取值

1）设计要求最大上拔量控制值对应的荷载。

2）施加的最大荷载。

3）钢筋应力达到设计强度值时对应的荷载。

3. 基桩竖向承载力特征值确定

取单桩竖向抗压极限承载力的 1/2 取值。当工程桩不允许带裂缝工作时，应取桩身开裂的前一级荷载作为单桩竖向抗拔承载力特征值，并与按极限荷载 1/2 取值确定的承载力特征值相比，取低值。[1]

第四节　检测报告

检测报告所含内容（见图 7-2）

1. 工程信息[1]

（1）工程名称与地点。

（2）建设、勘察、设计、监理、施工单位。

工程名称:东丽医疗产业园地库					试验桩号:449				
测试日期:2014−07−11			桩长:20.0m				桩径:400mm		
荷载(kN)	0	196	294	392	490	588	686	784	882	980
沉降(mm)	0.00	0.28	0.55	0.88	1.48	2.86	4.62	7.44	11.34	16.03

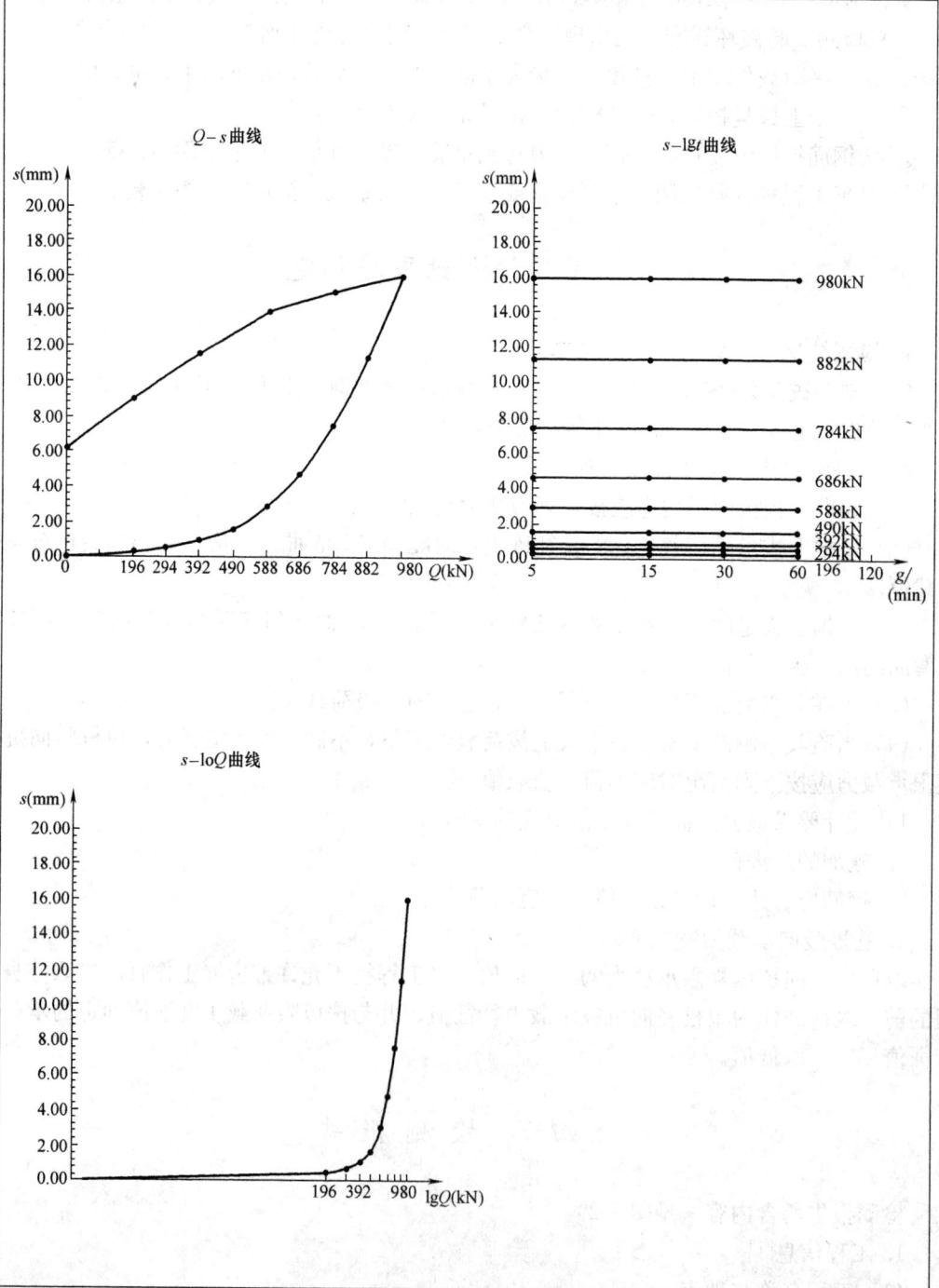

图 7-2　静载荷抗拔检测曲线

（3）建筑物概况与基础形式。

（4）检测要求和检测数量。

（5）受检桩型尺寸。

（6）地质条件。

2．检测[1]

（1）检测日期时间。

（2）检测使用设备、仪器型号和编号。

（3）选择的检测方法，依据的规范、规程。

（4）检测结果表。

（5）检测结果判定以及扩大检测依据。

3．检测结论[1]

（1）检测评价结论。

（2）建议。

4．附件[1]

检测设备安装示意图。带有检测桩位、桩号、检测要求的桩位平面图，所检测桩的检测结果曲线、汇总表、检测工作照片。

本章参考文献

[1]　中国建筑科学研究院．建筑基桩检测技术规范 JGJ 106—2014［S］．北京：中国建筑工业出版社，2014．

第八章　基桩水平静载检测

基桩水平静载检测是检验基桩在长期水平荷载或受循环加、卸荷载作用下，桩身与桩后岩土的抵抗承载能力（见图 8-1）。

长期水平荷载一般指用于抵抗水平荷载，如：起支挡维护作用的桩基础。循环加、卸荷载一般模拟在自然界条件下，起到抵抗风载、地震横波荷载等作用的桩基础。

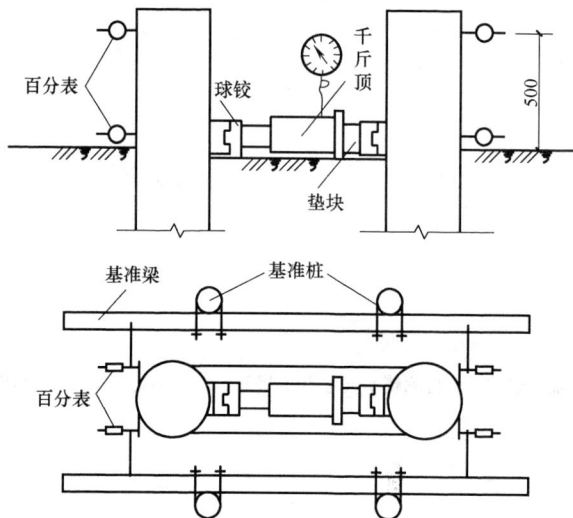

图 8-1　水平静载试验装置

第一节　检测一般规定

1. 一般规定[1]

（1）本方法适用于检测基桩水平承载能力。

（2）当须检测或验证该桩地质条件下各岩土层摩阻力特性时，应在桩身内安装应力检测传感器，测得桩身不同深度轴力情况，导出桩身弯矩以及确定钢筋混凝土桩受拉区混凝土开裂时对应的水平荷载。

（3）为设计提供依据的试验桩，荷载应加至桩顶出现较大水平变形或桩身结构破坏；工程桩验收，可加至设计要求的水平位移允许值所对应荷载。

（4）基桩水平静载荷检测应根据使用要求，选用慢速维持荷载法（长期受水平荷载）或循环加、卸荷载法。

2. 检测仪器、设备[1]

（1）检测使用的仪器、传感器必须经过计量认证和检定校准。

（2）荷重传感器、压力传感器或压力表的准确度应优于或等于 0.5 级。试验用压力表、油泵、油管在最大加载时的压力不应超过规定工作压力的80%。沉降测量宜采用大量程的位移传感器或百分表，测量误差不得大于0.1%FS，分度值/分辨力应优于或等于0.01mm。

（3）检测设备能力：

1）水平推力加载设备宜采用卧式千斤顶，其加载能力不得小于最大试验荷载量的1.2倍。水平推力的反力可由相邻桩提供；当专门设置反力结构时，其承载能力和刚度应大于试验桩的1.2倍。

2）水平千斤顶和试验桩接触处应安置球形铰支座，当千斤顶与试桩接触面的混凝土不密实或不平整时，应对其进行补强或补平处理。

3）基准梁长度和刚度必须达到检测要求的能力。

第二节　现场检测

1. 检测准备[1]

（1）在水平检测前、后应采用低应变法检测受检桩的桩身完整性。

（2）验算检测设备是否满足检测要求。

（3）按照要求安装检测仪器、设备。

（4）被检桩的尺寸、施工工艺及质量控制标准，应与设计要求一致。

（5）被检测桩顶应达到设计桩顶标高。

（6）验证被检测桩应达到设计强度。

（7）水平荷载作用点应通过被检测桩轴线。

（8）在水平力作用平面的受检桩两侧应对称安装两个位移计；当测量桩顶转角时，尚应在水平力作用平面以上50cm的受检桩两侧对称安装两个位移计。

2. 检测过程[1]

（1）慢速维持荷载法

1）检测荷载分级：每级为预估最大荷载的1/10，第一级加载量可取分级荷载的2倍。

2）卸载等级为加载分级的2倍。

3）加、卸载时，应使荷载传递均匀、连续、无冲击，且每级荷载在维持过程中的变化幅度不得超过分级荷载的±10%。

4）慢速维持荷载法检测，待每级荷载下沉降值达到稳定后施加下一级。

5）加载时沉降量观测时间间隔：5min、15min、30min、45min、60min读取，以后每隔30min测读一次桩顶沉降量。

6）沉降量稳定标准：每一小时内的桩顶沉降量不得超过0.1mm，并连续出现两次（从分级荷载施加后第30min开始，按1.5h连续三次每30min的沉降观测值计算）。

7）卸载时，每级荷载应维持1h，分别按第15min、第30min、第60min测读桩顶沉降量后，即可卸下一级荷载；卸载至零后，应测读桩顶残余沉降量，维持时间不得少于3h，测读时间分别为第15min和第30min，以后每隔30min测读一次桩顶残余沉降量。

8）检测试验破坏标准，当出现下列情况之一时，可终止加载：

① 桩身折断。

② 水平位移超过 20～40mm；软土中的桩或大直径的桩可取高值。

③ 水平位移达到设计要求的水平位移允许值。

（2）循环加、卸荷载法

1）检测荷载分级：每级为预估最大荷载的 1/10。

2）每级荷载施加后，恒载 4min 后，可测读水平位移，然后卸载至零，停 2min 测读残余水平位移，至此完成一个加卸载循环；如此循环 5 次，完成一级荷载的位移观测；试验不得中间停顿。

3）检测试验破坏标准，当出现下列情况之一时，可终止加载。

① 桩身折断。

② 水平位移超过 30～40mm；软土中的桩或大直径的桩可取高值。

③ 水平位移达到设计要求的水平位移允许值。

第三节　检测结果与判定

1. 检测结果[1]

（1）采用单向多循环加载法时，应分别绘制水平力-时间-作用点位移（H-t-Y_0）关系曲线和水平力-位移梯度（H-$\Delta Y_0/\Delta H$）关系曲线。

（2）采用慢速维持荷载法时，应分别绘制水平力-力作用点位移（H-Y_0）关系曲线、水平力-位移梯度（H-$\Delta Y_0/\Delta H$）关系曲线、力作用点位移-时间对数（Y_0-$\lg t$）关系曲线和水平力-力作用点位移双对数（$\lg H$-$\lg Y_0$）关系曲线。

（3）绘制水平力、水平力作用点水平位移-地基土水平抗力系数的比例系数的关系曲线（H-m、Y_0-m）。

2. 基桩水平临界荷载确定[1]

基桩水平临界荷载应按下列方法分析确定：

（1）取单向多循环加载法时的 H-t-Y_0 曲线或慢速维持荷载法时的 H-Y_0 曲线出现拐点的前一级水平荷载值。

（2）取 H-$\Delta Y_0/\Delta H$ 曲线或 $\lg H$-$\lg Y_0$ 曲线上第一拐点对应的水平荷载值。

（3）取 H-σs 曲线第一拐点对应的水平荷载值。

3. 基桩水平极限承载力确定[1]

基桩水平极限承载力应按下列方法分析确定：

（1）取单向多循环加载法时的 H-t-Y_0 曲线产生明显陡降的前一级，或慢速维持荷载法时的 H-Y_0 曲线发生明显陡降的起始点对应的水平荷载值。

（2）取慢速维持荷载法时的 Y_0-$\lg t$ 曲线尾部出现明显弯曲的前一级水平荷载值。

（3）取 H-$\Delta Y_0/\Delta H$ 曲线或 $\lg H$-$\lg Y_0$ 曲线上第二拐点对应的水平荷载值。

（4）取桩身折断或受拉钢筋屈服时的前一级水平荷载值。

4. 基桩水平承载力特征值确定[1]

基桩水平承载力特征值应按下列方法分析确定：

（1）当桩身不允许开裂或灌注桩的桩身配筋率小于 0.65% 时，可取水平临界荷载的

0.75 倍作为单桩水承载力特征值。

（2）对钢筋混凝土预制桩、钢桩和桩身配筋率不小于 0.65％的灌注桩，可取设计桩顶标高处水平位移所对应荷载的 0.75 倍作为单桩水平承载力特征值；水平位移可按下列规定取值：

（1）对水平位移敏感的建筑物取 6mm。

（2）对水平位移不敏感的建筑物取 10mm。

（3）取设计要求的水平允许位移对应的荷载作为单桩水平承载力特征值，且应满足桩身抗裂要求。

第四节　检　测　报　告

检测报告所含内容：

1. 工程信息[1]

（1）工程名称与地点。

（2）建设、勘察、设计、监理、施工单位。

（3）建筑物概况与基础形式。

（4）检测要求和检测数量。

（5）受检桩型尺寸。

（6）地质条件。

2. 检测[1]

（1）检测日期时间。

（2）检测使用设备、仪器型号和编号。

（3）选择的检测方法，依据的规范、规程。

（4）检测结果表。

（5）检测结果判定以及扩大检测依据。

3. 检测结论[1]

（1）检测评价结论。

（2）建议。

4. 附件[1]

检测设备安装示意图。带有检测桩位、桩号、检测要求的桩位平面图，所检测桩的检测结果曲线、汇总表、检测工作照片。

本章参考文献

[1]　中国建筑科学研究院. 建筑基桩检测技术规范 JGJ 106—2014 [S]. 北京：中国建筑工业出版社，2014.

第九章　基桩内力检测

为探明某场地的地质条件下，桩在荷载作用下，桩基所处地面以下各岩土层的实际摩阻力情况。依据建设单位和设计单位要求，需检测在施加荷载作用下桩身的内力变化情况。通过桩身内力可导出各岩土层的极限摩阻力值，绘出桩身内部弯矩分布图。从而验证勘察报告所提供的桩侧、桩端摩擦阻抗力系数，得到桩在水平荷载作用下的反弯点。

第一节　基桩内力检测一般规定

1. 一般规定
(1) 本方法适用于检测基桩桩身内力，导出桩侧、桩端摩阻力。
(2) 基桩内力检测需在桩身内部安装应变传感器。
(3) 基桩内力检测随着桩的静载荷试验同步进行。
2. 应变传感器
一般变传感器按其测试原理可分为：钢弦式、电阻应变式、电感式、滑动测微计、光纤式应变传感器。此类传感器一般用于测量桩身不同深度截面的应变值，导出不同深度的桩身轴力。桩端应力宜采用压力盒测量。

第二节　传感器的选择与布置安装

1. 传感器的选择
首先根据测试要求和各种传感器的特性，合理选择适用的传感器型号。选择依据如下：
(1) 传感器测量范围和传感器特性。
(2) 检测测量使用周期长短。
(3) 安装难易程度。
(4) 经济成本。
在传感器购置后，应对每个传感器的编号和标定表一一记录。有条件时对传感器标定系数再进行一次抽检滤定。
2. 传感器布置安装
(1) 传感器布置：依据勘察提供的场地地质岩土分层和走向，在每个岩土分层界面位置的桩身横截面布置3～4个传感器。当该层岩土层厚超过5m，应在层中再布置1～2层传感器。
(2) 传感器安装：采用应变片式检测的应变片安装应符合有关帖片和保护要求。一体式传感器，传感器两端应与桩的主筋焊接。注意在焊接时，必须对传感器进行降温处理，防止焊接高温对传感器造成损坏。

(3) 传感器保护：对传感器测试线的出口处、桩内测试线均必须进行保护处理，防止桩在钢筋笼安装和混凝土浇灌时，对传感器和测试线造成损坏。

(4) 压力盒安装：应将压力盒测试面垂直于测试方向，且固定。

(5) 对所有传感器的埋深位置、方向应作好记录，以便数据处理时查找。

(6) 在桩基施工完毕且达到混凝土强度后，应对所有传感器进行一边测量（传感器初始值）。记录传感器出厂时的零值与测量初始值的变化情况。

第三节　基桩内力检测

基桩内力检测一般与试验桩静载荷试验同步进行。测量静载荷试验分级荷载下，基桩轴力、端压力变化情况和变化规律。

1. 内力测量

(1) 测量时间：在每级荷载施加完成后，本级荷载下桩的变形达到稳定施加下一级荷载前，必须对所有传感器测量一遍。在每级荷载施加过程中也可对所有传感器测量一遍。

(2) 在试验荷载接近设计基桩极限荷载时，应加密对传感器测量频率。

2. 测量记录

(1) 每一遍测量数据必须认真记录。

(2) 在测量与记录中，如发现个别传感器数据异常，仍需继续记录。当该传感器测量数据连续 3 次以上出现异常，则视为该传感器已损坏，停止测量记录该传感器，并记录说明情况。

第四节　测量数据处理分析

1. 测量数据处理步骤

(1) 将每个传感器记录数据与传感器标定表对照，得到传感器测量应变值。

(2) 根据钢筋和混凝土弹性模量计算桩身在该横截面的应力值，并进行平均得到平均值。

(3) 依据该横截面钢筋混凝土含筋率，由应力值导出桩身在此横截面的轴力。

(4) 由岩土分层面的轴力差，得到该层桩身段侧摩阻力值。

(5) 依据桩身侧摩阻力值变化规律，导出该层岩土的极限摩阻力系数值。

(6) 桩端极限阻力依据以上步骤处理。

2. 绘制曲线与检测结果

(1) 绘制每级荷载下的桩身轴力变化曲线。

(2) 绘制不同深度岩土土层摩阻力变化曲线。

(3) 编制沿深度方向各岩土层的极限摩阻力系数表。

第五节　检 测 报 告

检测报告所含内容：

1. 工程信息

(1) 工程名称与地点。

(2) 建设、勘察、设计、监理、施工单位。

(3) 建筑物概况与基础形式。

(4) 检测要求和检测数量。

(5) 受检桩型尺寸。

(6) 地质条件。

2. 检测

(1) 检测日期时间。

(2) 检测使用设仪器型号和编号，传感器型号。

(3) 选择的检测方法，依据的规范、规程。

(4) 检测结果表。

3. 检测结论

(1) 检测评价结论。

(2) 建议。

4. 附件

所检测的桩轴力变化曲线和摩阻力变化曲线，传感器安装（图 9-1）和检测工作照片。

图 9-1 传感器安装照片

第十章　钻芯法检测

钻芯法检测是桩身完整性和基桩承载力的一种检测方法。检测基桩承载力尤其对于端承的嵌岩桩，可鉴别判断桩端的岩土性状和强度，探明溶洞，并且它还是其他桩身完整性检测方法的常用验证手段，利用钻机钻取混凝土芯样可直接鉴别混凝土情况和混凝土强度。

第一节　检测一般规定

1. 一般规定[1]

（1）本方法适用于检测基桩完整性和基桩承载能力。

（2）检测内容包括：混凝土灌注桩的桩长、桩身混凝土强度、桩底沉渣厚度和桩身完整性。当采用本方法判定或鉴别桩端持力层岩土性状时，钻探深度应满足设计要求。

（3）每根受检桩的钻芯孔数和钻孔位置，应符合下列规定：

1）桩径小于1.2m的桩的钻孔数量可为1～2个孔，桩径为1.2～1.6m的桩的钻孔数量宜为2个孔，桩径大于1.6m的桩的钻孔数量为3个孔。

2）当钻芯孔为1个时，宜在距桩中心10～15cm的位置开孔；当钻芯孔为2个或2个以上时，开孔位置宜在距桩中心0.15～0.25D范围内均匀对称布置。

3）对桩端持力层的钻探，每根受检桩不应少于1个孔。

4）当选择钻芯法对桩身质量、桩底沉渣、桩端持力层进行验证检测时，受检桩的钻芯孔数可为1孔。

2. 检测设备[1]

（1）钻取芯样宜采用液压操纵的高速钻机，并配置适宜的水泵、孔口管、扩孔器、卡簧、扶正稳定器和可捞取松软渣样的钻具。

（2）基桩桩身混凝土钻芯检测，应采用单动双管钻具钻取芯样，严禁使用单动单管钻具。

（3）钻头应根据混凝土设计强度等级选用合适粒度、浓度、胎体硬度的金刚石钻头，且外径不宜小于100mm。

（4）锯切芯样的锯切机应具有冷却系统和夹紧固定装置。芯样试件端面的补平器和磨平机，应满足芯样制作的要求。

第二节　现场检测

1. 检测准备[1]

（1）钻机设备安装必须周正、稳固、底座水平。钻机在钻芯过程中不得发生倾斜、移位，钻芯孔垂直度偏差不得大于0.5%。

（2）每回次进尺宜控制在1.5m内；钻至桩底时，宜采取减压、慢速钻进、干钻等适宜的方法和工艺，钻取沉渣并测定沉渣厚度；对桩底强风化岩层或土层，可采用标准贯入试验、动力触探等方法对桩端持力层岩土性状进行鉴别。

2. 检测过程[1]

（1）钻取的芯样应按"回"字的顺序放进芯样箱中；钻机操作人员应填写钻孔检测现场操作记录表，记录钻进情况和钻进异常情况，对芯样质量进行初步描述，填写钻孔芯样记录表，对芯样混凝土、桩底沉渣以及桩端持力层详记录（见表10-1、表10-2）。

（2）钻芯结束后，应对芯样和钻探标示牌的全貌进行拍照。

（3）当单桩质量评价满足设计要求时，应从钻芯孔孔底往上用水泥浆回灌封闭；当单桩质量评价不满足设计要求时，应封存钻芯孔，留待处理。

钻孔检测现场操作记录表[1]　　　　　　　　　　表 10-1

桩号			孔号		工程名称		
时间		钻进(m)			芯样编号	芯样长度(m)	残留芯样	芯样初步描述及异常情况记录
自	至	自	至	计				
检测日期			机长：		记录：		页数：

钻孔芯样编录表[1]　　　　　　　　　　表 10-2

工程名称				日期		
桩号/钻芯孔号			桩径		混凝土设计强度等级	
项目	分段（层）深度(m)	芯样描述			取样编号/取样深度	备注
桩身混凝土		混凝土钻进深度，芯样连续性、完整性、胶结情况、表面光滑情况、断口吻合程度、混凝土芯是否为柱状、骨料大小分布情况，以及气孔、空洞、蜂窝麻面、沟槽、破碎、夹泥、松散的情况				
桩底沉渣		桩端混凝土与持力层接触情况、沉渣厚度				
持力层		持力层钻进深度、岩土名称、芯样颜色、结构构造、裂缝发育程度、坚硬及风化程度；分层岩层应分层描述			（强风化或土层时的动力触探或标贯结果）	
检测单位：			记录员：			检测人员：

第三节　芯样加工与抗压强度试验

1. 芯样加工[1]

（1）截取混凝土抗压芯样试件应符合下列规定：

1）当桩长小于10m时，每孔应截取2组芯样；当桩长为10～30m时，每孔应截取3组芯样；当桩长大于30m时，每孔应截取芯样不少于4组。

2）上部芯样位置距桩顶设计标高不宜大于 1 倍桩径或超过 2m，下部芯样位置距桩底不宜大于 1 倍桩径或超过 2m，中间芯样宜等间距截取。

3）缺陷位置能取样时，应截取 1 组芯样进行混凝土抗压试验。

4）同一基桩的钻芯孔数大于 1 个，且某一孔在某深度存在缺陷时，应在其他孔的该深度处，截取 1 组芯样进行混凝土抗压强度试验。

（2）当桩端持力层为中、微风化岩层且岩芯可制作成试件时，应在接近桩底部位 1m 内截取岩石芯样；遇分层岩性时，宜在各分层岩面取样。岩石芯样的加工和测量应符合相关的规定。

（3）每组混凝土芯样应制作 3 个抗压试件。混凝土芯样试件的加工和测量应符合相关的规定。

2. 抗压强度试验[1]

（1）混凝土芯样试件的抗压强度试验应按现行国家标准《普通混凝土力学性能试验方法标准》GB/T 50081—2002 执行。

（2）在混凝土芯样试件抗压强度试验中，当发现试件内混凝土粗骨料最大粒径大于 0.5 倍芯样试件平均直径，且强度值异常时，该试件的强度值不得参与统计平均。

（3）混凝土芯样试件抗压强度应按下式计算：

$$f_{cor} = 4P / \pi d^2 \qquad (10.3.1)$$

式中：f_{cor}——混凝土芯样试件抗压强度（MPa），精确至 0.1MPa；

$\quad\quad P$——芯样试件抗压试验测得的破坏荷载（N）；

$\quad\quad d$——芯样试件的平均直径（mm）。

（4）混凝土芯样试件抗压强度可根据本地区的强度折算系数进行修正。

（5）桩底岩芯单轴抗压强度试验以及岩石单轴抗压强度标准值的确定，宜按现行国家标准《建筑地基基础设计规范》GB 50007—2011 执行。

第四节　检测数据分析与判断

1. 每根受检桩混凝土芯样试件抗压强度的确定应符合下列规定[1]：

（1）取一组 3 块试件强度值的平均值，作为该组混凝土芯样试件抗压强度检测值。

（2）同一受检桩同一深度部位有两组或两组以上混凝土芯样试件抗压强度检测值时，取其平均值作为该桩该深度处混凝土芯样试件抗压强度检测值。

（3）取同一受检桩不同深度位置的混凝土芯样试件抗压强度检测值中的最小值，作为该桩混凝土芯样试件抗压强度检测值。

2. 桩端持力层性状应根据持力层芯样特征，并结合岩石芯样单轴抗压强度检测值、动力触探或标准贯入试验结果，进行综合判定或鉴别。[1]

3. 桩身完整性类别应结合钻芯孔数、现场混凝土芯样特征、芯样试件抗压强度试验结果，按钻芯法桩身完整性判定表所列特征进行综合判定。[1]

当混凝土出现分层现象时，宜截取分层部位的芯样进行抗压强度试验。当混凝土抗压强度满足设计要求时，可判为Ⅱ类；当混凝土抗压强度不满足设计要求或不能制作成芯样试件时，应判为Ⅳ类。

多于三个钻芯孔的基桩桩身完整性可类比钻芯法桩身完整性判定表的三孔特征进行判定。钻芯法桩身完整性判定表见表10-3。

钻芯法桩身完整性判定表[1]   表10-3

类别	特征		
	单孔	两孔	三孔
Ⅰ	混凝土芯样连续、完整、胶结好、芯样侧面表面光滑、骨料分布均匀、芯样呈长柱状、断口吻合		
	芯样侧表面仅见少量气泡	局部芯样侧表面有少量气孔、蜂窝麻面、沟槽，但在另一孔同一深度部位的芯样中未出现，否则应判为Ⅱ类	局部芯样侧表面有少量气孔、蜂窝麻面、沟槽，但在三孔同一深度部位的芯样中未同时出现，否则应判为Ⅱ类
Ⅱ	混凝土芯样连续、完整、胶结较好，芯样侧表面较光滑，骨料分布基本均匀，芯样呈柱状，断口基本吻合。有下列情况之一：		
	1. 局部芯样侧表面有蜂窝麻面、沟槽或较多气孔； 2. 芯样侧表面蜂窝麻面严重、沟槽连续或局部芯样骨料分布不均匀，但对应部位的混凝土芯样试件抗压强度检测值满足设计要求，否则应判为Ⅲ类	1. 芯样侧表面有较多气孔，严重蜂窝麻面、连续沟槽或局部混凝土芯样骨料分布不均匀，但在两孔的同一深度部位的芯样中未同时出现； 2. 芯样侧表面有较多气孔，严重蜂窝麻面、连续沟槽或局部混凝土芯样骨料分布不均匀，且在另一孔同一深度部位的芯样中同时出现，但该深度部位的混凝土芯样试件抗压强度检测值满足设计要求，否则应判为Ⅲ类； 3. 任一孔局部混凝土芯样破碎段长度不大于10cm，且在另一孔的同一深度部位的局部混凝土芯样的外观判定完整性类别为Ⅰ类或Ⅱ类，否则应判为Ⅲ类或Ⅳ类	1. 芯样侧表面有较多气孔，严重蜂窝麻面、连续沟槽或局部混凝土芯样骨料分布不均匀，但在三孔同一深度部位的芯样中未同时出现； 2. 芯样侧表面有较多气孔，严重蜂窝麻面、连续沟槽或局部混凝土芯样骨料分布不均匀，且在任两孔或三孔的同一深度部位的芯样中同时出现，但该深度部位的混凝土芯样试件抗压强度检测值满足设计要求，否则应判为Ⅲ类； 3. 任一孔局部混凝土芯样破碎段长度不大于10cm，且在另两孔的同一深度部位的局部混凝土芯样的外观判定完整性类别为Ⅰ类或Ⅱ类，否则应判为Ⅲ类或Ⅳ类
Ⅲ	大部分混凝土芯样胶结较好，无松散、夹泥现象，但有下列情况之一：		大部分混凝土芯样胶结较好，有下列情况之一：
	1. 芯样不连续完整，多呈短柱状或块状； 2. 局部混凝土芯样破碎段长度不大于10cm	1. 芯样不连续完整，多呈短柱状或块状； 2. 任一孔局部混凝土芯样破碎段长度大于10cm，但不大于20cm，且在另一孔同一深度部位的混凝土芯样的外观判定完整性类别为Ⅰ类或Ⅱ类，否则应判定为Ⅳ类	1. 芯样不连续完整，多呈短柱状或块状； 2. 任一孔局部混凝土芯样破碎段长度大于10cm，但不大于30cm，且在另一孔同一深度部位的混凝土芯样的外观判定完整性类别为Ⅰ类或Ⅱ类，否则应判定为Ⅳ类； 3. 任一孔局部混凝土芯样松散段长度不大于10cm，且在另两孔的同一深度部位的局部混凝土芯样的外观判定完整性类别为Ⅰ类或Ⅱ类，否则应判定为Ⅳ类
Ⅳ	有下列情况之一：		
	1. 因混凝土胶结质量差而难以钻进； 2. 混凝土芯样任一段松散或夹泥； 3. 局部混凝土芯样破碎长度大于10cm	1. 任一孔因混凝土胶结质量差而难以钻进； 2. 混凝土芯样任一段松散或夹泥； 3. 任一孔局部混凝土芯样破碎长度大于20cm； 4. 两孔同一深度部位的混凝土芯样破碎	1. 任一孔因混凝土胶结质量差而难以钻进； 2. 混凝土芯样任一段松散或夹泥段长度大于10cm； 3. 任一孔局部混凝土芯样破碎长度大于30cm； 4. 其中两孔在同一深度部位的混凝土芯样破碎、松散或夹泥

注：当上一缺陷底部位置标高与下一缺陷的顶部位置标高的高差小于30cm时，可认定两缺陷处于同一深度部位。

4. 成桩质量评价应按单根受检桩进行，当出现下列情况之一时，应判定该受检桩不满足设计要求：[1]

（1）混凝土芯样试件抗压强度检测值小于混凝土设计强度等级。

（2）桩长、桩底沉渣厚度不满足设计要求。

（3）桩底持力层岩土性状（强度）或厚度不满足设计要求。

当桩基设计资料未作具体规定时，应按国家现行标准判定成桩质量。[1]

第五节　检　测　报　告

检测报告所含内容

1. 工程信息[1]

（1）工程名称与地点。

（2）建设、勘察、设计、监理、施工单位。

（3）建筑物概况与基础形式。

（4）检测要求和检测数量。

（5）受检桩型尺寸。

2. 检测[1]

（1）检测日期时间。

（2）检测使用设备、仪器型号和编号。

（3）选择的检测方法，依据的规范、规程。

（4）芯样抗压试验结果表。

（5）检测结果判定以及扩大检测依据。

3. 检测结论[1]

（1）检测评价结论。

（2）建议。

4. 附件[1]

检测芯样综合柱状图。带有检测桩位、桩号、检测要求的桩位平面图，检测芯样照片。

本章参考文献

[1] 中国建筑科学研究院. 建筑基桩检测技术规范 JGJ 106—2014 [S]. 北京：中国建筑工业出版社，2014.

第十一章 动力检测原理

基桩动力检测是在桩顶施加一个动力荷载，通过桩上安装的传感器，采集基桩在动力荷载下。基桩本身的振动传递信号和力传递信号。经过信号数据分析、推倒，得到基桩桩身的尺寸、连续性、密实度等质量变化情况，导出基桩极限承载力值。基桩动测依据施加的动力荷载大小，可分为：低应变检测法、高应变检测法。

第一节 弹性波动理论基础及基本概念[1]

1. 传统弹性波动理论基本假设

（1）弹性介质概念

介质：弹性波传播的媒介。可为固、液、气体。

形变：固体介质受外力作用时，固体内质点间产生相对位置的变化，固体介质发生体积大小和形状的变化。

弹性：外力作用消失后，由于固体内质点间的内力作用，固体介质回复到原来状态的性质。

塑性：外力作用消失后，固体介质还保持其受外力作用时的形态。

完全弹性体：自然界存在的绝大部分物体，在外力作用下，既可以表现为弹性，也可表现为塑性。它取决于物体本身的性质以及外力作用的大小和作用时间的长短。外力作用不大且作用时间很短的情况，大部分物体可以近似地看作完全弹性体。

（2）各向同性弹性体

物体的弹性性质往往与空间方向有关，即在不同方向受力时所表现出的弹性性质往往不同，这取决于物体的内部结构的异向性。

弹性性质与空间方向无关的弹性体，称为各向同性弹性体。

（3）理想弹性介质

同时具备完全弹性及各向同性的弹性介质。

（4）传统弹性波动理论基本假设

物体是连续的：反映物体物理特性的力学量，如密度、位移、应力、应变等都是连续的，而且变形前后物体内的质点是一一对应的。

物体是线性弹性的：服从虎克（Hook）定律，应力与应变为线性关系。

物体是均匀的：物体由同一材料组成。这样，描述物体的物理力学参量不随空间位置变化，取物体内任一小单元加以分析，可把分析结果应用于整个物体。

物体是各向同性的：假定物体内每一质点在所有方向上弹性性质是相同的。

位移与应变是微小的：假定物体受力作用后，整个物体内所有各质点的位移远远小于物体原来的尺寸。

物体无初应力：假定物体在受外力作用之前应力为零。物体由于受外力作用而引起的应力称为附加应力。传统弹性动力学理论仅对附加应力（简称为应力）进行研究。

根据上述六个假设所建立起来的弹性力学，称为传统弹性力学（古典弹性力学）。

2. 振动与波动

（1）质点振动与波动

弹性介质在受到外力作用时，受外力作用的质点处产生变形，从而使该处质点产生围绕原来平衡位置的振动。

$$u = u_0 e^{\lambda t} \sin(\omega t + \psi) \tag{11.1.1}$$

由于质点间的内力作用，质点振动又引起相邻质点的振动，并依次向更远的质点传递，形成波动。

波动就是振动在介质中的传播（$\Delta x = c\Delta t$）

（2）振动图与波剖面

见图 11-1 和图 11-2。

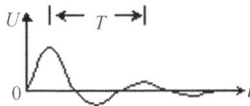

图 11-1　质点的振动图

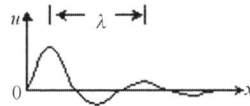

图 11-2　波剖面图

介质中任意质点的振动，皆遵循式图 11-1 的形式。它表示介质中一固定质点的振动（位移、速度）随时间的变化情形。若以纵坐标表示质点离开其平衡位置的位移 u，以横坐标表示时间，可以画出任一固定质点的振动图（图 11-1）。图中峰值间距 T 为衰减振动的主周期，其倒数 f 为振动的主频率。

若选取一固定时刻（t_0），取波的射线方向为横坐标（x 轴），以纵坐标代表射线上各介质质点离开平衡位置的位移 u，可绘出波的剖面图（图 11-2）图中峰值间距代表波长 λ（$c = \lambda/T = f\lambda$）。

在我们从事的常规测试工作中，因测试传感器固定在一个位置，故测到的所谓"波形"实际上仅是该固定点的振动而已（例如，基桩测试中位于桩顶的传感器所测得的基桩完整性测试曲线，尽管其上有反映桩身特性变化的"反射波"，其实质也仅是桩顶在冲击作用下的振动图而已。来自桩体内的反射波，仅是引起桩顶质点振动的一个起因）。

（3）质点的振动方向与波传播方向

质点的振动方向：以原有平衡位置为中心，以固有的频率反复变化。

波的传播方向：是固定的（亦称为射线方向）。

弹性纵波引起的质点振动方向与波的传播方向在同一直线。

弹性横波引起的质点振动方向与波的传播方向垂直。

（4）质点振动速度与波传播速度

对式 11.1.1 求导即得到质点的振动速度；而质点振动在介质中由近及远传递的速度，称为弹性波的波速。二者虽都是速度的一种，具有相同的量纲（长度/时间），却是完全不同的两个物理量。

3. 球面波及平面波（波前面的概念）

（1）振源

相对于较大体积的介质而言，引起波动的外力源（振源）往往仅是一个点源，由它引起的波动以其自身为中心四向传播。

（2）波前面与波尾面

弹性波在无限介质中传播的某一时刻，介质中某个区域内的质点在振动着，而介质的这个区域由两个闭合的面所包围。其中一个面以外的区域波的影响还没到达，这个面称为弹性波的波前面；一个面以内的区域，波所引起的振动已经停止，这个面称为波尾面。

波前面为某一时刻弹性波引起的起始振动的所有质点组成的包络面。

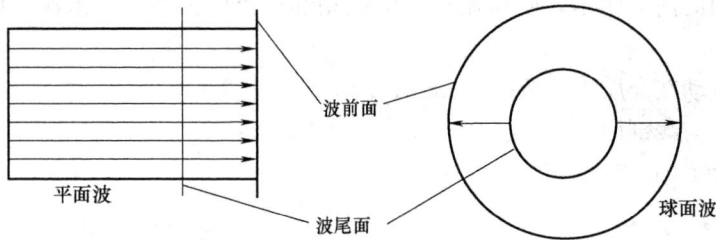

图 11-3　平面波与球面波

（3）球面波、平面波

据波前面的形状区分，无限介质中的弹性波首先表现为球面波，其波前面为一球面，严格地说，介质中存在的体波（相对面波而言）均为球面波。

当波动远离震源（距离足够远），或当我们研究的介质范围足够狭小时，可以近似地将波前面看作一个"平面"，而将弹性波简化为平面波。

绝对的、理想的平面波是不存在的。平面波与球面波见图 11-3。

（4）球面发散

随着时间的增长，球面波的波前面（球面）将愈变愈大，而波的振幅将随传播距离而衰减（能量守恒）。

4. 纵波与横波

由于外力（振源）的性质及作用形式不同，在介质体内传播的弹性波（体波）基本上可分为纵波与横波（又叫剪切波）。

（1）纵波：一般由胀缩点振源引起的。其表现为介质质点受拉、压应力作用，并将这种作用由近及远传播。波前面上质点的初始振动方向与波的传播方向在同一直线上（相同或相反）。

压缩纵波：波前面上质点首先受压，波前面上质点的初始振动方向与波的传播方向相同。

拉伸纵波（疏张纵波）：波前面上质点首先受拉，波前面上质点的初始振动方向与波的传播方向相反。

（2）横波：一般由剪切振源激发（或为转换波），波前面上质点的振动方向与波的传播方向垂直。

在实际中由于介质的不均匀性及界面反射会产生波的转换，纵波和横波经常同时并存。

纵波及横波的传播速度是不同的。纵波波速永远大于横波波速。

5. 波的反射、透射及半波损失

（1）波的反射、透射及斯奈尔定律

同光线在非均匀介质中的传播一样，当弹性波遇到弹性性质突变的弹性分界面（波阻抗变化界面）时，会产生反射和透射。

介质的波阻抗：$Z = \rho C$。对于一维杆件，$Z = \rho CA$。

平面波在界面处的反射和透射遵循斯奈尔定律——反射和折射定律。

反射系数：当弹性波入射线垂直于反射界面时，称为法线入射。此时不存在波的转换问题。由力及位移的连续条件，可求出弹性波在法线入射时的反射系数（图 11-4）。

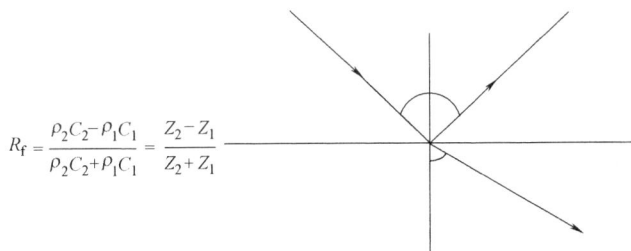

$$R_f = \frac{\rho_2 C_2 - \rho_1 C_1}{\rho_2 C_2 + \rho_1 C_1} = \frac{Z_2 - Z_1}{Z_2 + Z_1}$$

图 11-4　弹性波在法线入射和反射

（2）半波损失：由上式知，反射系数可正可负，它取决于反射界面两侧介质的物理性质。若称波阻抗大者为波密介质（高波阻抗），小者为波疏介质（低波阻抗），可以发现，当弹性波由波密介质向波疏介质入射时（$Z_2 < Z_1$），反射系数为负值。此时，说明反射波与入射波相位相反（也称极性相反，相位差 1800），这种现象称之为半波损失。

以纵波为例，解释其物理意义如下：弹性波从波密介质（高波阻抗）进入波疏介质（低波阻抗）时，若入射波为压缩纵波，其波前面为一压缩带，波前面上质点初始振动方向与波传播方向同向。此时，反射波将变为拉伸纵波，其波前面上质点振动方向与波传播方向相反。反之亦然。

非常重要，是我们进行基桩测试，根据反射波正确判别桩身缺陷的理论基础。

6. 波的叠加、分离原理

由弹性动力学导出的波动方程都是线性微分方程。从波动方程的线性可以导出如下结论：

两个相向而行的波动（行波），在它们相遇之前，各自以独立的形态传播；在它们相遇的过程中，介质中的总波动为个别"单"波动之和。而在相遇过后，它们又重新分离开来，以原有的独立形态及传播方向各自行进（在第三章中我们将讲到"行波"概念）。

是我们可进行波动分析的理论依据之一。

7. 波动的不同表述

描述振动的参量：速度、加速度、力、位移。高应变桩基检测理论中经常提到力波、速度波。

注意：桩身中物理的波动过程仅有一个，并无速度波、加速度波、力波之分。速度 V、加速度 a、力 F 仅是描述这一物理过程的不同参量，即从不同侧面描述同一物理过程而已。

8. 弹性波的能量衰减

（1）波的球面发散（扩散）作用

球面波向远离震源方向传播时，由波动作用引起的、质点围绕原来平衡位置的振动随距离而线性的衰减——波剖面或振动图上波的峰值（或振幅）随着波的传播距离的增加而衰减。这就是波的球面发散作用。

符合能量守恒定理。

（2）介质本身的阻尼黏滞作用

实际介质并非理想弹性介质。弹性波在传播过程中，由于实际介质对弹性波的阻尼作用——介质质点间的摩擦生热也导致弹性波的能量衰减。

（3）频率吸收作用

弹性波在传播过程中，介质及桩周土对弹性波中的高频成分有较大的"吸收"作用，而低频成分则衰减相对较缓慢。即弹性波在传播过程中，其高频成分衰减很快，其结果造成弹性波形态的变化和能量的衰减。

（4）波的散射（土的阻尼）作用

进行基桩检测桩时，桩周土质点会随桩身一起振动，弹性波一部分能量传入土中，亦造成弹性波的衰减。

在分析测桩记录曲线时必须同时考虑这些影响，以正确判断反射波的强度（幅值）。

9. 子波概念及子波不变性

（1）子波概念：将介质中最初由激振引起的单一振动波列称为入射子波，而后各反射界而引起的各个单一的反射波（包括多次反射波）称为反射子波。

（2）子波不变性：若不考虑影响波的能量衰减的各种因素（尤其是频率吸收作用），反射子波与入射子波在振动形态上是完全一致的，不同的只是振幅的大小与极性的反正（由反射系数决定）。

实际介质（非理想弹性介质）因频率吸收作用的存在，子波的形态多少会发生改变。但这种改变是有一定规律的。

（3）反射波分析的理论依据

为什么是"反射波"而不是噪声和干扰波。

正是由于"子波不变性"，我们才会在实际测试曲线上识别"反射波"、噪声和干扰波。实测曲线是复合振动。"反射波"往往是多个反射子波叠加的表现。

多次反射波的存在，会给我们正确识别单一的反射界面带来困难，这需要我们在实际分析中不断积累经验。

下图是由两个不同仪器实测的桩体完整性曲线。分析之以加深理解子波的概念。

各式各样的子波形态：图 11-5 是由两个不同仪器实测的桩体完整性曲线。分析之以加深理解子波的概念。

10. 多层介质中弹性波的传播、多次反射概念

多层介质是指介质按弹性性质分成多个层面，即在介质的不同层内由弹性性质决定的参数（波速、密度等）都是不同的。当弹性波在这样的多层介质中传播时，它的运动学特征将变得相当复杂。这主要表现为：当有弹性波入射时，在这一套物性界面上将形成反射波系、折射波系和面波系。

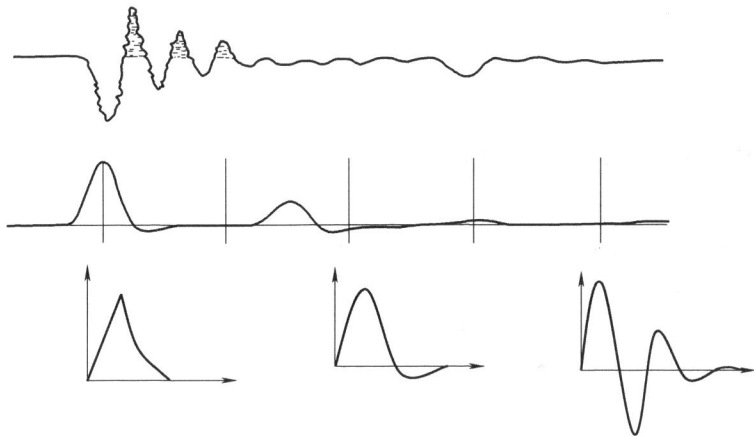

图 11-5　理论子波形态

仅以反射波为例。如果介质内存在几个波阻抗界面，则当弹性波以某一入射角入射到第一个弹性界面时，它将在界面处分裂成两个反射波（反射纵波及反射横波）和两个透射波（透射纵波及透射横波）。而对第二个界面来说，两个透射波又可以看作是其入射波。每个入射波又分裂成四个波，这样一直可以在多层介质分界面上分裂下去。除此以外，对于上部界面来说，来自其下部的反射波又可视为其入射波进行分裂；并且，在同一层内上下界面之间，或在任意两个界面之间，反射波可以无数次的再反射、再分裂。通常，将界面上经过一次反射的波称为一次反射波，而经过两次以上反射的波称为二反射波、三次反射波……统称为多次反射波。这样，弹性波在多层介质中传播时，将形成复杂的反射波系。

仅以纵波引起的层间反射波为例，画出多次反射波示意图，如图 11-6 所示。

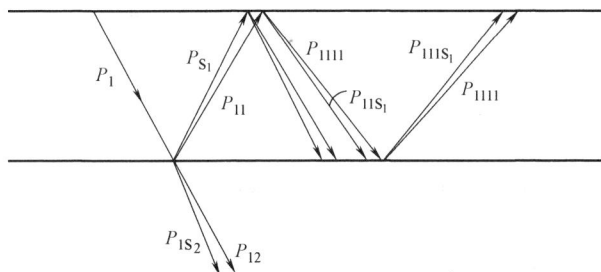

图 11-6　纵波 P_1 入射时引起的层内多次反射波

折射波及面波的形成在此不加叙述。值得提及，在平面纵波法线入射的情况，并没有转换波及面波形成，多次反射波亦皆为纵波。基桩测试对反射波的应用，仅以法线入射为前提假设。

11. 波的频谱分析—时域、频域概念

（1）波动信号的时域、频域分析。

（2）波的频谱分析

它是波动信号数据处理及分析的最基本手段。从另一个侧面（频率域）向我们展示波动的特性。在数学上是一个傅立叶变换。对任一以时间 t 为自变量的函数，如果其在有限的区间内满足吉利赫利条件，可用傅立叶积分写成如下形式：

$$F(t) = {}_{-\infty}\!\int^{+\infty} \theta(f)\mathrm{e}^{\mathrm{i}\pi\mathrm{f}t}df \qquad (11.1.2)$$

这一积分变换形式称为函数的傅立叶变换。

（3）波动信号的傅立叶变换及其意义

一个非周期振动的波动信号可由无穷多个不同频率的简谐振动之和来构成，即任何一个波动信号，可以分解成无穷多个不同频率、不同振幅和不同初始相位的简谐振动之和。

振动曲线是对波动的时域描述，其傅立叶变换形式一幅频曲线则描述了波动的频域特性。对于任意的波动信号，对其在时间域和频率域中进行分析是完全等价的。而主要是看从哪一个角度去讨论问题更加方便。弹性波动时域和频域分析中应注意如下关系（图 11-7）：

$$T = 2L/C \qquad \Delta f = C/2L \qquad T = 1/\Delta f \qquad (11.1.3)$$

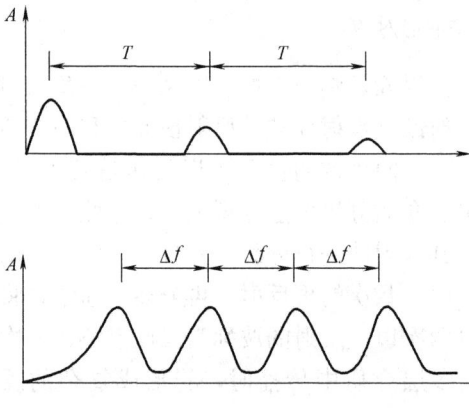

图 11-7 波动信号的时域、频域分析

式中：L 为桩长，C 为波速。上式同样适用于对缺陷位置的分析。

（4）单值对应定理

每个原函数对应于一个单值函数；反之，每一个单值函数对应于一个原函数。波动信号时域、频域分析的等价性。

（5）波动信号的时域、频域分析结论

振动曲线是波动的时域描述，其傅立叶变换形式一幅频曲线则描述了波动的频域特性。对于任意的波动信号，对其在时间域和频率域中进行分析是完全等价的。

第二节 一维杆件中的弹性波[1]

1. 一维线性波动方程的建立

基桩检测工作研究的对象是桩。因为一般说来，桩径 $D \ll \lambda$，桩长 $L \gg \lambda$（λ 为波长），所以可将桩近似地看作一维弹性杆件。一维弹性杆件中弹性波的运动及动力特性，是基桩检测工作的理论基础。

一维均匀弹性杆件模型如图 11-8 所示。与其有关的常量有杆长 L、截面积 A、材料密度 ρ 及弹性模量 E；在波动作用下，相应的运动参量有内力 F、应力 σ、应变 ε、质点位移 u、速度 v。若取 $t=0$ 时刻的空间位置为参考坐标，沿杆件轴心方向为 X 轴，则各运动参量仅为 x 与 t 的函数（一维假定）。F、ε、σ 以拉为正，质点速度 $V = \dfrac{\partial u}{\partial t}$、加速度 $a = \dfrac{\partial^2 u}{\partial t^2}$ 以 x 方向为正，由各参数定义得出以下恒定关系：

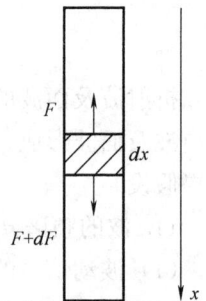

图 11-8 一维杆件模型

$$F(x,t) = A\sigma(x,t) \qquad (11.2.1)$$

$$\varepsilon(x,t) = \frac{\partial u(x,t)}{\partial x} \qquad (11.2.2)$$

由 HOOK 定律知：

$$\sigma(x,t)=E\varepsilon(x,t) \tag{11.2.3}$$

观察杆件上微元 dx。其质量为 $m=\rho \cdot A \cdot dx$；受合力为 $dF=\dfrac{\partial F(x,\ t)}{\partial x}dx$。由 Newton 第二定律得如下平衡方程：

$$\frac{\partial F(x,t)}{\partial x}dx=\rho Adx \cdot \frac{\partial^2 u(x,t)}{\partial t^2} \tag{11.2.4}$$

由式 11.1.1～11.1.3 可知：

$$\frac{\partial F(x,t)}{\partial x}=A \cdot \frac{\partial \sigma(x,t)}{\partial x}=AE\frac{\partial \varepsilon(x,t)}{\partial x}=AE\frac{\partial^2 u(x,t)}{\partial x^2} \tag{11.2.5}$$

将上式代入式 3.1.4，得：

$$E\frac{\partial^2 u(x,t)}{\partial x^2}=\rho \frac{\partial^2 u(x,t)}{\partial t^2}$$

若定义 $C=\sqrt{\dfrac{E}{\rho}}$，代入上式，整理得：

$$\frac{\partial^2 u(x,t)}{\partial t^2}-C^2\frac{\partial^2 u(x,t)}{\partial x^2}=0 \tag{11.2.6}$$

此即为一维条件下弹性波波动方程（没考虑介质阻尼影响）。

由一维线性波动方程的推导过程知，我们在此描述的仅是弹性纵波，即弹性波是由拉、压应力引起的。这与基桩测试中的敲击激发方式相符合。

2. 波动方程的解及行波概念

可用傅里叶法及达朗贝尔法求得一维线性波动方程 11.2.6 式之通解如下：

$$u=f(x-ct)+g(x+ct) \tag{11.2.7}$$

上式中 g、f 可为任意两个具有二阶连续偏导数的，以 x、t 为自变量的函数。若令两个函数的自变量 $x-ct=$ 常数和 $x+ct=$ 常数，则 $f=$ 常数、$g=$ 常数、$u=$ 常数。g、f 分别描述了杆件中可能存在的两个固定不变的振动形态，而变化着的只有时间 t 及距离 x，且 $x=ct$（或 $x=-ct$），即这二种振动形态以固定不变的形式沿 x 轴传递。上述分析说明，解的第一项 f 函数表示了随着时间 t 的增大，沿 x 轴正向传播的振动形态；解的第二项 g 波，则表示了随着时间 t 增大，向 x 轴负方向传播的振动形态。习惯上称 f 及 g 分别为下行波及上行波（如图 11-9 所示）。

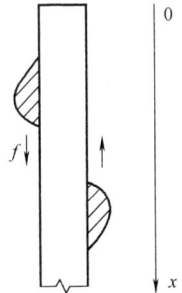

图 11-9　上、下行波示意图

由图 11-9 可见，杆件中存在的二种振动形态（下行的 f 波及上行的 g 波），仅随时间沿 x 轴正反方向传递，振动形态本身保持不变（见子波概念及子波不变性）。

联系现实情况（比如测桩工作中），往往只是在杆件的一个自由端进行瞬态激振，若以激振瞬时为 $t=0$ 时刻，则此时显然只能在杆件中激发出下行的波动。亦即，杆件中刚开始有弹性波传播时，表示上行波的 g 函数为 0。即激振最初引起的沿杆件传播的固定不变的振动形态只有一个下行波（f 波）。

那么，杆件中会不会出现上行的 g 波呢？答案是肯定的。因为现实的杆件不会无限长，也不会绝对均质。当杆件结构发生变化，或当波传至杆件的另一端点时，就会出现弹性波的反射，这些反射波都可以看成是上行的 g 波。只不过这个上行的 g 波是下行的 f 波的反射波，所以，其波列图应和 f 波一致，而其幅值大小以及极性则由引起反射波的杆件的变化面（或杆端）决定。

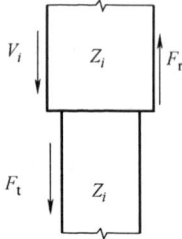

3. 非均匀杆件内的反射波及其特性：

考虑基桩测试的工作实际，入射波均以压缩纵波为例。

（1）非均匀杆件内的反射波及反射系数

图 11-10：弹性波传至杆件任意一处密度 ρ、波速 C 或截面积 A 发生变化—即杆件的波阻抗 Z（$Z = \rho CA$）变化截面杆件内力 F 与质点振动速度 V 将失去原有的平衡关系。

此时必将产生一种新的波动来维持力及质点位移、振速力的连续，即产生反射波、透射波。由牛顿第三定律、连续条件，反射波、透射波与入射波之关系，得出反射波的速度及力反射系数：

$$R_V = \frac{Z_i - Z_{i+1}}{Z_{i+1} + Z_i} \tag{11.2.8}$$

$$R_f = \frac{Z_{i+1} - Z_i}{Z_{i+1} + Z_i} \tag{11.2.9}$$

（2）反射界面处 $Z_i > Z_{i+1}$（缩径类缺陷）时反射波的特性

如图 11-11 所示，入射波从杆件的高阻抗段传至低阻抗段（相当于基桩测试中遇到桩体结构损伤面，如缩径、离析、断裂等）。再画出界面处入射波、反射波及透射波示意图，图中长箭头表示波传播方向，短箭头表示波射线及质点振向示意图该波动引起的介质质点的起始振动方向，即该波动波前面上质点的振动方向。

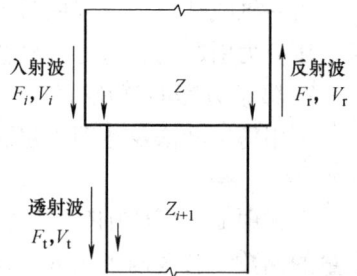

图 11-10

图 11-11

已知入射波为平面压缩纵波，其波前面上质点起始振动方向与波的传播方向保持一致（如图 11-11 所示，二者皆向下），此时 F_i 为正（压力）。

由式 11.2.8 和 11.2.9 可知，此时，R_f 及 $F_r < 0$，说明反射波引起的杆件内力与入射波相反，即为拉力，反射波为拉伸纵波；而 R_V 及 $V_r > 0$，说明反射波引起的质点的起始振动与入射波一致。可见，此时的反射波与入射波相比较，其特性已改变，由压缩纵波改变为拉伸纵波，即经 $Z_i > Z_{i+1}$ 界面反射后，反射波与原入射波相位差了 1800，这就是前文提及的半波损失。此时，由于反射波（拉伸纵波）与入射波（压缩纵波）传播方向相反，所以，二者引起的质点的初始振动方向一致。所以，我们看到在实际基桩完整性测试曲线上，由缩径、离析、断裂等结构损伤面引起的反射波，其极性与入射波（直达波）一致。当然，除嵌岩桩以外的桩底反射也属此种情形（结合测试曲线分析）。

1）反射波的特性分析

入射波为平面压缩纵波：波前面上质点初始振动方向与波传播方向一致（向下）。$R_V > 0$，说明反射波引起的质点的起始振动与入射波一致。

反射波为上行波，与入射波相比较，其特性已改变：由压缩纵波→拉伸纵波。反射波与原入射波相位差了1800（半波损失）。

2）结论

入射波从杆件高阻抗段传至低阻抗段时：反射波改变特性：压缩纵波→拉伸纵波（反之亦然）。反射波引起的质点的起始振动与入射波一致。

基桩完整性测试：缩径、离析、断裂、桩底等结构损伤（Z变小）处引起的反射波，其极性与入射波（直达波）一致。

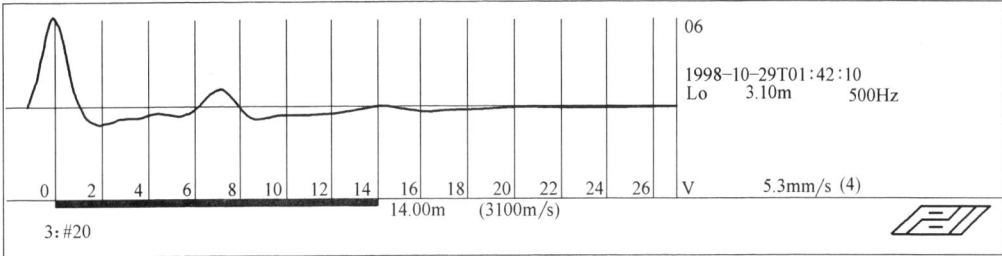

图 11-12

（3）反射界面处 $Z_i < Z_{i+1}$（扩径）时反射波的特性

反射界面处 $Z_i < Z_{i+1}$ 此时，入射波从杆件的低阻抗段进入高阻抗段（相当于基桩完整性测试中遇到的扩径、嵌岩桩桩底等）。同样画出界面处入射、反射及透射波示意图如图 11-13 所示。

由式 11.2.8 和 11.2.9 可知，此时，R_f 及 $F_r > 0$，说明反射波引起的杆件内力与入射波一致（为压力），即反射波同样为压缩纵波；而 R_v 及 $V_r < 0$，说明反射波引起的质点的振动与入射波相反。此时虽然反射波的性质和入射波一样为压缩纵波，但由于其传播方向相反，所以其波前面上质点振动方向与入射波相反。我们看到实际基桩完整性测试曲线上，扩径及嵌岩桩底处的反射波，其极性与入射波（直达波）相反，也证明了这一解释。

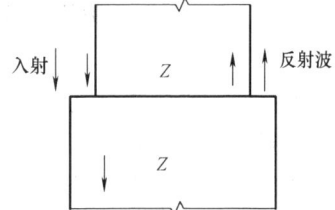

图 11-13

1）反射波特性分析

入射波为平面压缩纵波（测桩）：波前面上质点初始振动方向与波传播方向一致（向下）。$R_v < 0$，说明反射波引起的质点的振动与入射波相反（向上）。反射波为上行波：与入射波相比较，特性不变：压缩纵波→压缩纵波。

虽然反射波的性质和入射波一样为压缩纵波，但由于其传播方向相反，所以其波前面上质点初始振动方向与入射波相反。

2）结论

入射波从杆件低阻抗段传至高阻抗段时：反射波特性不变：压缩纵波→压缩纵波。反射波引起的质点的初始振动方向与入射波相反。

实际基桩完整性测试：扩径及嵌岩桩底处的反射波，其极性与入射波（直达波）相反。

（4）杆件自由端的反射波及其特性

如图 11-14 所示，对于均匀杆件自由端透射波不可产生，从上节分析亦知，此时 $T_f = T_v = 0$。

$$F_r = \frac{Z_N}{Z_N} F_N = -F_N; \quad V_r = \frac{Z_N}{Z_N} V_N = V_N \qquad (11.2.10)$$

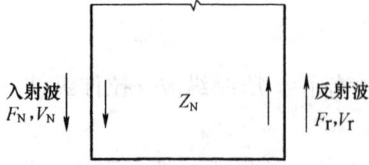

图 11-14 杆件自由端波射线及
质点振向示意图

说明此时反射波引起的界面处内力大小相等，方向相反，界面处所受合力为零（这与自由界面的情形相符）；而入射波与反射波引起的界面处的质点振动速度相等，此时界面处质点的振动速度会加倍。从断桩及未入土完整桩实测曲线经常可见，桩端反射子波的幅值比入射子波的幅值要大（实际上波动衰减的影响使桩端反射子波的幅值减小），也说明这一理论。

分析：

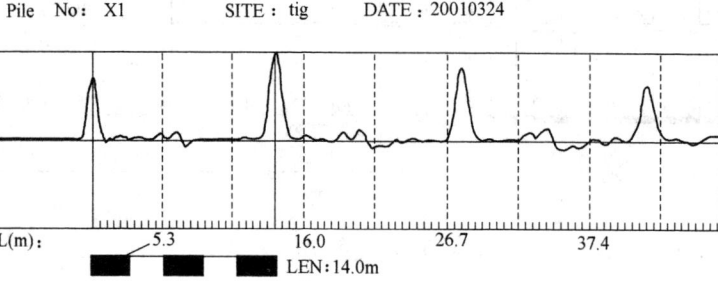

图 11-15

入射波为平面压缩纵波（测桩）：波前面上质点初始振动方向与波传播方向一致（向下）。均匀杆件自由端不产生透射波。$T_f = T_v = 0$。

$R_V = 1 > 0$，说明反射波引起的质点的起始振动与入射波一致，且大小相等：杆件自由端的运动速度加倍。反射波为上行波，与入射波相比较，其特性已改变：由压缩纵波→拉伸纵波。

反射波与入射波相位差 1800（半波损失）。

结论：杆件自由端反射波引起的质点的起始振动与入射波一致，杆件自由端质点的振动速度加倍，界面处所受合力为零。

未入土完整桩实测曲线，桩底反射幅值应为入射波的 2 倍（实际波动衰减的影响使桩端反射子波的幅值减小）。

实测未入土完整桩实测曲线；见图 11-16。

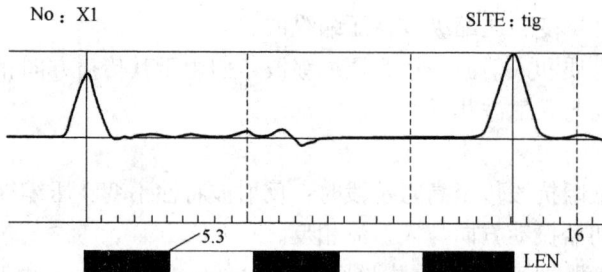

图 11-16　实测未入土完整桩实测曲线

本章参考文献

[1]　陈凡，徐天平，陈久照，关立军. 基桩质量检测技术 [M]. 北京：中国建筑工业出版社，2003.

第十二章 低应变检测

1. 简单原理

首先假设桩为均质的一维杆件。在桩顶施加力的激振信号产生一个激振波，沿桩身向桩底传递，遇到桩底介质变化时，发生反射传回至桩顶。安装桩顶的传感器采集桩顶激振信号和桩底反射信号。

当桩身存有缺陷时，激振波传至缺陷处，产生波的部分折射、部分反射、部分透射。因此，通过采集的激振波传递过程记录曲线，进行桩身完整性判定。

桩埋设土层中，桩周土对桩身激振波的传递产生阻尼作用，使激振波信号逐渐衰减。

2. 波速、强度和桩长

$$C = 2L/\Delta T \tag{12.1}$$

式中：C——波速；

$\quad L$——桩长；

$\quad \Delta T$——振动波传递时间。

低应变检测的实际测量量为 ΔT。公式 12.1 中仍存在两个变量：C、L。确定这两个变量，一般采用假设法。既假设一个变量，求得另一个变量。假设依据可参考混凝土强度与波速的关系。

（1）波速与混凝土强度的关系（表 12-1）

混凝土强度与波速关系 表 12-1

混凝土波速（m/s）	混凝土强度（等级）
＞4100	＞C35
3700～4100	C30
3500～3700	C25
2700～3500	C20
＜2700	＜C20

通过以上关系表可看出，混凝土强度与一定的波速范围存在关系，混凝土强度高，则波速高；混凝土强度低，则波速低。实测结果可能与表中有微小差异，不会出现较大差别。

（2）实测确定

1）方法一（确定波速）：由现场实测 5 根以上，具有明显桩底反射信号，所得到的平均波速值，且符合"强度与波速"表，则确定为该场地该桩型的波速值。由此判断存在缺陷桩的缺陷位置。

注：优点——分析操作简便；缺点——缺陷位置误差较大，尤其是灌注桩。

2）方法二（确定桩长）：由设计桩长值为预定桩长，所得到的几根桩波速与"强度与波速"表进行验证，如基本相符，则确定为该场地该桩型的波速范围值。由此判断存在缺陷桩的缺陷位置。

注：优点——缺陷位置误差较小；缺点——分析操作较复杂。

实际检测可根据经验，将以上两种方法可结合应用。

第一节　低应变检测一般规定

1．一般规定[1]

（1）本方法适用于检测混凝土桩的桩身完整性，判别桩身缺陷的程度及缺陷位置。

（2）对桩身截面多变且变化幅度较大的灌注桩，应采用其他方法验证或补充低应变法检测的结果。

（3）检测分析手段除具有时域信号分析，还应具有频域信号分析能力。为能达到缺陷程度判断，应具有拟合分析手段，既具备能采集力信号的仪器[1]。

2．检测仪器、设备[1]

（1）检测仪器的主要技术性能指标应符合现行行业标准《基桩动测仪》JG/T 3055—1999 的有关规定。

（2）瞬态激振设备应包括能激发宽脉冲和窄脉冲的力锤和锤垫；力锤可装有力传感器；稳态激振设备应为电磁式稳态激振器，其激振力可调，扫频范围为 $10\sim2000\mathrm{Hz}$。见图 12-1。

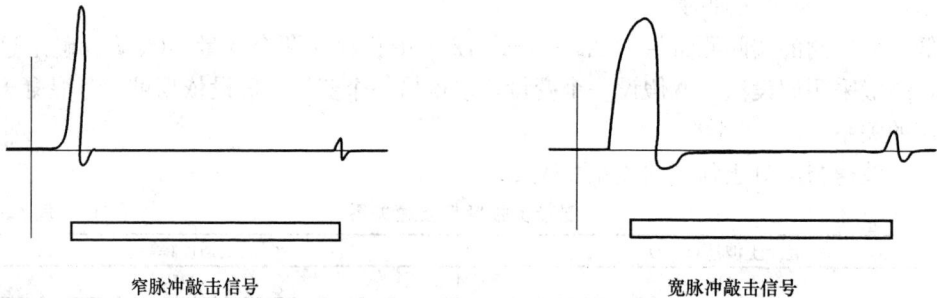

窄脉冲敲击信号　　　　　　　　　宽脉冲敲击信号

图 12-1

瞬态激振设备中的宽脉冲（低频激振信号），具有穿透能力强、分辨能力弱的特性。而窄脉冲（高频激振信号），具有穿透能力弱、分辨能力强的特性。因此，若桩身浅部存在缺陷，可尽量采用窄脉冲激振方式检测。确定桩长，寻找桩底反射信号，可尽量采用宽脉冲激振方式检测。应用两种激振方式的特性，还可以解决检测中遇到的疑难问题。

（3）为更好分析桩身缺陷，宜采用 F-V 型检测仪器。

第二节　现场检测

1．准备工作[1]

（1）被检测桩头已剔除浮浆至密实的混凝土面，桩顶平整、密实，且达到设计桩顶标高。

（2）验证被检测桩应达到设计强度。

（3）被检桩的尺寸、施工工艺及质量控制标准，应与设计要求一致。

（4）量测被检桩头尺寸与设计要求对照，桩头的截面尺寸不宜与桩身有明显差异。

（5）选择合理的检测激振方式，根据检测情况调整激振方式。

（6）测试参数设定，应符合下列规定：

1）时域信号记录的时间段长度应在 $2L/c$ 时刻后延续不少于 5ms；幅频信号分析的频率范围上限不应小于 2000Hz。

2）设定桩长应为桩顶测点至桩底的施工桩长，设定桩身截面积应为施工截面积。

3）桩身波速可根据本地区同类型桩的测试值初步设定。

4）采样时间间隔或采样频率应根据桩长、桩身波速和频域分辨率合理选择；时域信号采样点数不宜少于 1024 点。

5）传感器的设定值应按计量检定或校准结果设定。

2. 检测信号采集[1]

（1）测量传感器安装和激振操作，应符合下列规定

1）安装传感器部位的混凝土应平整；传感器安装应与桩顶面垂直；用耦合剂粘结时，应具有足够的粘结强度。

2）激振点与测量传感器安装位置应避开钢筋笼的主筋影响。

3）激振方向应沿桩轴线方向。

4）瞬态激振应通过现场敲击试验，选择合适重量的激振力锤和软硬适宜的锤垫；宜用宽脉冲获取桩底或桩身下部缺陷反射信号，宜用窄脉冲获取桩身上部缺陷反射信号。

5）稳态激振应在每一个设定频率下获得稳定响应信号，并应根据桩径、桩长及桩周土约束情况调整激振力大小。

（2）信号采集和筛选，应符合下列规定

1）根据桩径大小，桩心对称布置 2～4 个安装传感器的检测点；实心桩的激振点应选择在桩中心，检测点宜在距桩中心 2/3 半径处；空心桩的激振点和检测点宜为桩壁厚的 1/2 处，激振点和检测点与桩中心连线形成的夹角宜为 90°。

2）当桩径较大或桩上部横截面尺寸不规则时，除应按上款在规定的激振点和检测点位置采集信号外，尚应根据实测信号特征，改变激振点和检测点的位置采集信号。

3）不同检测点及多次实测时域信号一致性较差时，应分析原因，增加检测点数量。

4）信号不应失真和产生零漂，信号幅值不应大于测量系统的量程。

5）每个检测点记录的有效信号数不宜少于 3 个。

6）应根据实测信号反映的桩身完整性情况，确定采取变换激振点位置和增加检测点数量的方式再次测试，或结束测试。

测试桩不同形态对应的测试信号见图 12-2～图 12-6。

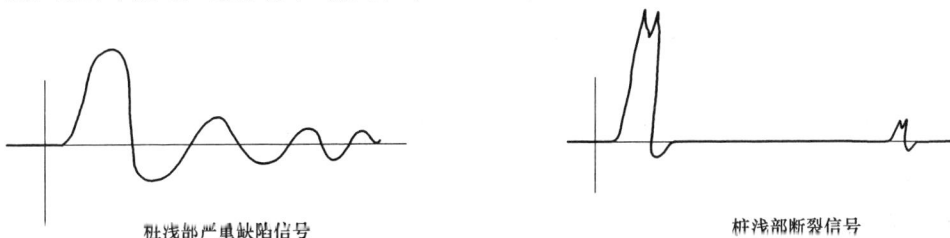

桩浅部严重缺陷信号　　　　　　　　　桩浅部断裂信号

图 12-2　测试桩不同形态对应的测试信号一

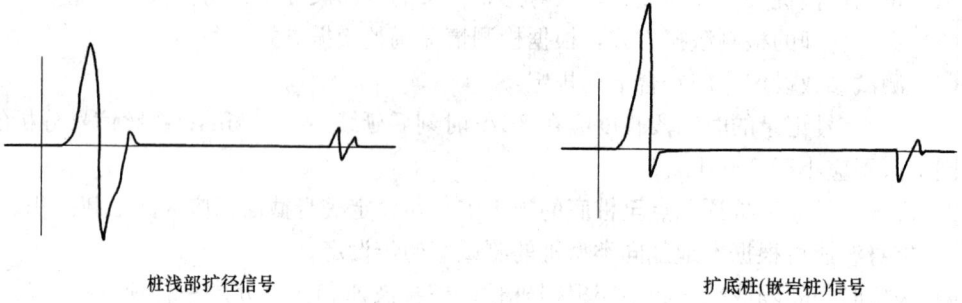

桩浅部扩径信号   扩底桩(嵌岩桩)信号

图 12-3 测试桩不同形态对应的测试信号二

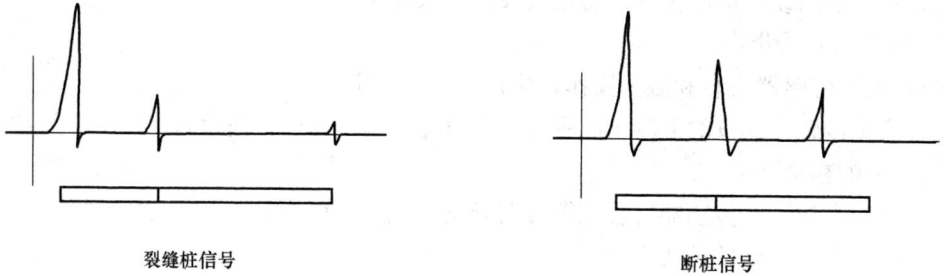

裂缝桩信号   断桩信号

图 12-4 测试桩不同形态对应的测试信号三

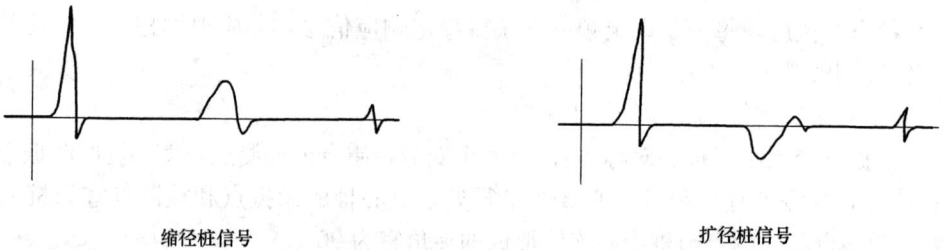

缩径桩信号   扩径桩信号

图 12-5 测试桩不同形态对应的测试信号四

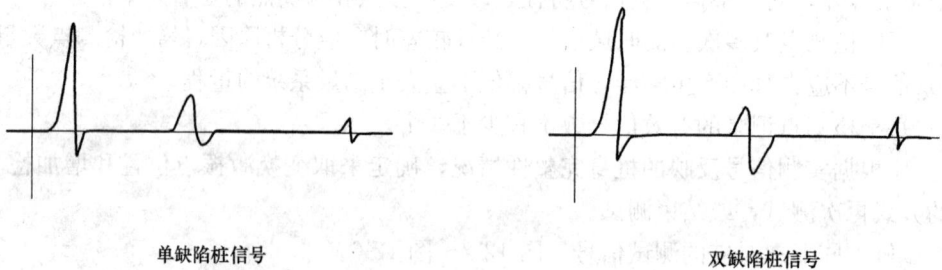

单缺陷桩信号   双缺陷桩信号

图 12-6 测试桩不同形态对应的测试信号五

第三节 检测数据分析判定

1. 平均波速[1]

桩身波速平均值的确定，应符合下列规定

（1）当桩长已知、桩底反射信号明确时，应在地基条件、桩型、成桩工艺相同的基桩中，选取不少于 5 根 I 类桩的桩身波速值，按下列公式计算其平均值：

$$C_{\mathrm{m}} = \frac{1}{n} \sum_{i=1}^{n} C_i \qquad (12.3.1)$$

$$C_i = 2000L/\Delta T \qquad (12.3.2)$$

$$C_i = 2L \times \Delta f \qquad (12.3.3)$$

式中：C_{m}——桩身波速的平均值（m/s）；

$\quad C_i$——第 i 根受检桩的桩身波速值（m/s），且 $|C_i - C_m|/C_m \leqslant 5\%$；

$\quad L$——测点下桩长（m）；

$\quad \Delta T$——速度波第一峰与桩底反射波峰间的时间差（ms）；

$\quad \Delta f$——幅频曲线上桩底相邻谐振峰间的频差（Hz）；

$\quad n$——参加波速平均值计算的基桩数量（$n \geqslant 5$）。

（2）无法满足上一款要求时，波速平均值可根据本地区相同桩型及成桩工艺的其他桩基工程的实测值，结合桩身混凝土的骨料品种和强度等级综合确定。

2. 缺陷位置[1]

（1）计算公式

桩身缺陷位置应按下列公式计算

$$x = (1/2000) \times \Delta t \times c \qquad (12.3.4)$$

$$x = 1/2 \times C/\Delta f' \qquad (12.3.5)$$

式中：x——桩身缺陷至传感器安装点的距离（m）；

$\quad \Delta t$——速度波第一峰与缺陷反射波峰间的时间差（ms）；

$\quad C$——受检桩的桩身波速（m/s），无法确定时可用桩身波速的平均值替代；

$\quad \Delta f'$——幅频信号曲线上缺陷相邻谐振峰间的频差（Hz）。

（2）桩身完整性类别应结合缺陷出现的深度、测试信号衰减特性以及设计桩型、成桩工艺、地基条件、施工情况，按时域信号特征或幅频信号特征进行综合分析判定。

3. 类别判定[1]

检测结果的类别判定参见表 12-2。

4. 检测信号分析、判断[1]

（1）采用时域信号分析判定受检桩的完整性类别时，应结合成桩工艺和地基条件区分下列情况：

1）混凝土灌注桩桩身截面渐变后恢复至原桩径并在该阻抗突变处的反射，或扩径突变处的一次和二次反射。

2）桩侧局部强土阻力引起的混凝土预制桩负向反射及其二次反射。

3）采用部分挤土方式沉桩的大直径开口预应力管桩，桩孔内土芯闭塞部位的负向反射及其二次反射。

4）纵向尺寸效应使混凝土桩桩身阻抗突变处的反射波幅值降低。

类　型	时域信号特征	幅频信号特征
Ⅰ	$2L/c$ 时刻前无缺陷反射波,有桩底反射波	桩底谐振蜂排列基本等间距,其相邻频差 $\Delta f \approx c/2L$
Ⅱ	$2L/c$ 时刻前出现轻微缺陷反射波,有桩底反射波	桩底谐振蜂排列基本等间距,其相邻频差 $\Delta f \approx c/2L$,轻微缺陷产生的谐振蜂与桩底谐振蜂之间的频差 $\Delta f > c/2L$
Ⅲ	有明显缺陷反射波,其他特征介于Ⅱ类和Ⅳ类之间	
Ⅳ	$2L/c$ 时刻前出现严重缺陷反射波或周期性反射波,无桩底反射波; 或因桩身浅部严重缺陷使波形呈现低频大振幅衰减振动,无桩底反射波	缺陷谐振蜂排列基本等间距,其相邻频差 $\Delta f > c/2L$,无桩底谐振蜂; 或因桩身浅部严重缺陷只出现单一谐振蜂,无桩底谐振蜂

注:对同一场地、地基条件相近、桩型和成桩工艺相同的基桩,因桩端部分桩身阻抗与持力层阻抗相匹配导致实测信号无桩底反射波时,可按本场地同条件下有桩底反射波的其他桩实测信号判定桩身完整性类别。

当信号无畸变且不能根据信号直接分析桩身完整性时,可采用实测曲线拟合法辅助判定桩身完整性或借助实测导纳值、动刚度的相对高低辅助判定桩身完整性。

(2) 当按调整击振方式操作不能识别桩身浅部阻抗变化趋势时,应在测量桩顶速度影响的同时测量锤击力,根据实测力和速度信号起始峰的比例差异大小判断桩身浅部阻抗变化程度。

(3) 对于嵌岩桩,桩底时域反射信号为单一反射波且与锤击脉冲信号同向时,应采取钻芯法、静载试验或高应变法核验桩端嵌岩情况。

(4) 预制桩在 $2L/c$ 前出现异常反射,且不能判断该反射是正常接桩反射时,可采用高应变法验证,管桩可采用孔内摄像方法验证检测。

(5) 通过时域信号曲线拟合法可得出桩身阻抗及变化量大小。采用实测曲线拟合法进行辅助分析时,宜符合下列规定:

1) 信号不得因尺寸效应、测试系统频响等影响产生畸变。

2) 桩顶横截面尺寸应按实际测量结果确定。

3) 通过同条件下,截面基本均匀的相邻桩曲线拟合,确定引起应力波衰减的桩土参数取值。

4) 宜采用实测力波形作为边界输入。

(6) 根据速度幅频曲线或导纳曲线中基频位置(如理论上的刚度支承桩的基频为 $\Delta f/2$),利用实测导纳几何平均值与计算导纳值相对高低、实测动刚度的相对高低进行判断。

理论上,实测导纳值、计算导纳值和动刚度就桩身质量好坏而言存在一定的相对关系:完整桩-实测导纳值约等于计算导纳值,动刚度值正常;缺陷桩-实测导纳值大于计算导纳值,动刚度值低;且随缺陷程度的增加其差值增大;扩底桩-实测导纳值小于计算导纳值,动刚度值高。

实测信号复杂、无规律,且无法对其进行合理解释时,桩身完整性判定宜结合其他检测方法进行。

第四节 检测报告

检测报告所含内容

1. 工程信息[1]

（1）工程名称与地点。

（2）建设、勘察、设计、监理、施工单位。

（3）建筑物概况与基础形式。

（4）检测要求和检测数量。

（5）受检桩型尺寸。

（6）地质条件。

2. 检测[1]

（1）检测日期时间。

（2）检测使用设备、仪器型号和编号。

（3）选择的检测方法，依据的规范、规程。

（4）检测结果表。

（5）检测结果判定以及扩大检测依据。

3. 检测结论[1]

（1）检测评价结论。

（2）建议。

4. 附件[1]

带有检测桩位、桩号、检测要求的桩位平面图，每根所检测桩的检测曲线，检测工作照片。

第五节 检测信号实例

以下为某考试用基地的检测信号曲线，其中有预制桩和灌注桩。灌注桩的完整桩和离析缺陷在成桩时已人工设置。预制桩先人工设置缺陷后，埋入岩土中，经一个月恢复后考试使用。实测信号曲线有完整桩和缺陷桩，并绘制桩了实际桩的模型。

依据实际检测中经常遇到的可出现的缺陷形式，模型桩人工设置缺陷。缺陷有浅部缺陷、深部缩径、扩径、离析、裂缝、断桩等缺陷。除了具有单缺陷信号曲线，还给出在不同位置和同位置具有双缺陷信号曲线。此信号曲线比较典型，不仅对初学者具有帮助，而且对从事一段时间检测工作的技术人员也具有一定参考意义。在实际检测中，可将实测信号曲线与这些信号曲线参考对照。

此外，每条信号曲线后，记录着每条信号曲线的分析处理方法和处理程度。因此，这20条信号曲线不仅对检测中的初步判别，而且对信号曲线分析判定均具有很高的指导意义。

低应变曲线实例

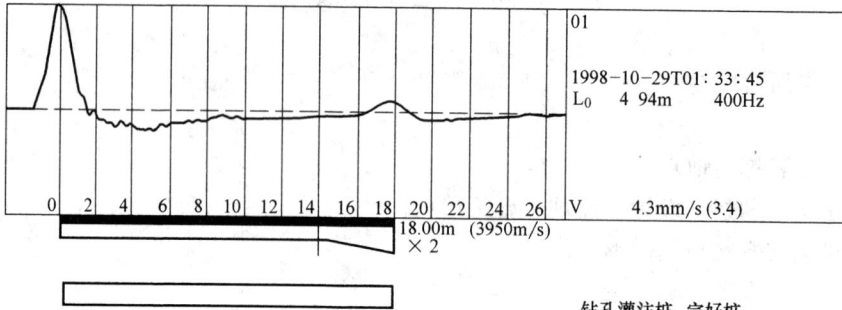

01

1998-10-29T01:33:45
L_0 4 94m   400Hz

V   4.3mm/s (3.4)

18.00m (3950m/s)
× 2

钻孔灌注桩 完好桩

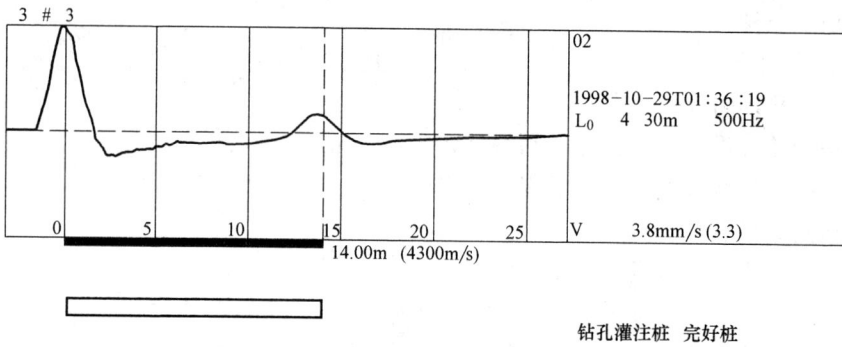

3 # 3

02

1998-10-29T01:36:19
L_0 4 30m   500Hz

V   3.8mm/s (3.3)

14.00m (4300m/s)

钻孔灌注桩 完好桩

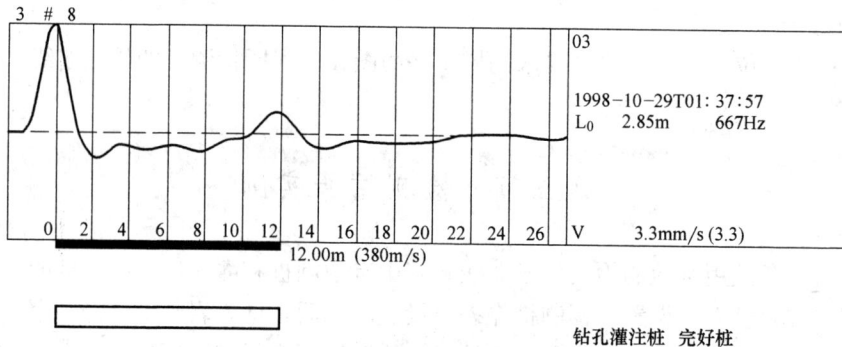

3 # 8

03

1998-10-29T01:37:57
L_0 2.85m   667Hz

V   3.3mm/s (3.3)

12.00m (380m/s)

钻孔灌注桩 完好桩

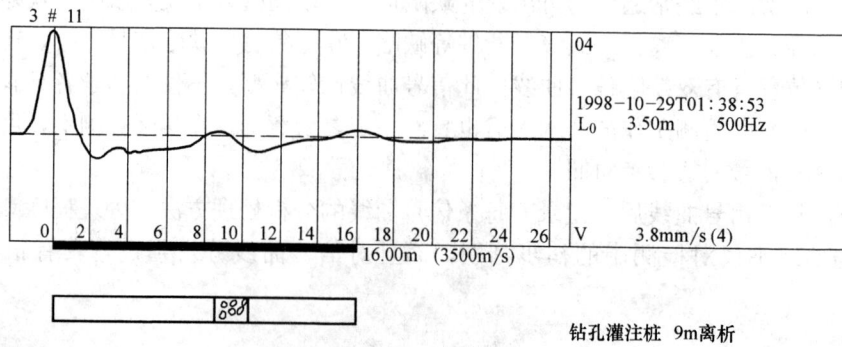

3 # 11

04

1998-10-29T01:38:53
L_0 3.50m   500Hz

V   3.8mm/s (4)

16.00m (3500m/s)

钻孔灌注桩 9m离析

3 # 13

05

1998-10-29T01:40:51
Lo　　3.75m　　500Hz

0　2　4　6　8　10　12　14　16　18　20　22　24　26　V　　4.1mm/s (3.4)

18.00m (3750m/s)
×4

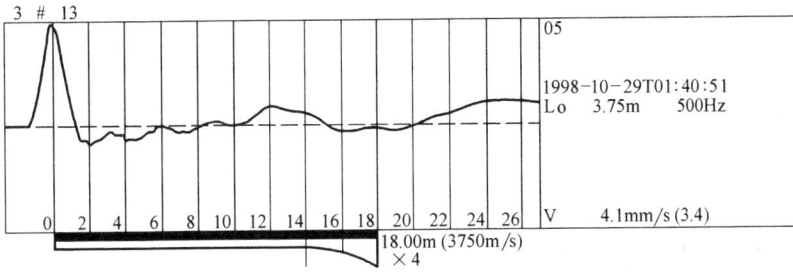

钻孔灌注桩　12m 离析

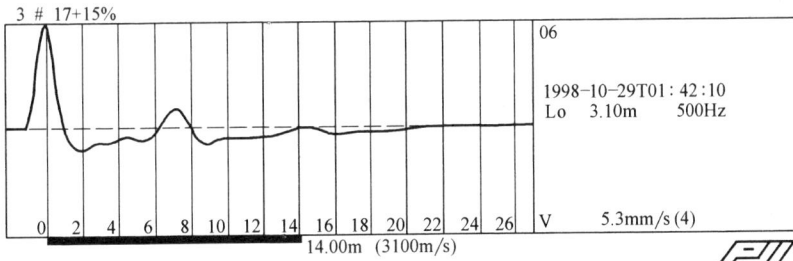

3 # 17+15%

06

1998-10-29T01:42:10
Lo　　3.10m　　500Hz

0　2　4　6　8　10　12　14　16　18　20　22　24　26　V　　5.3mm/s (4)

14.00m (3100m/s)

钻孔灌注桩　7.2m 缩径

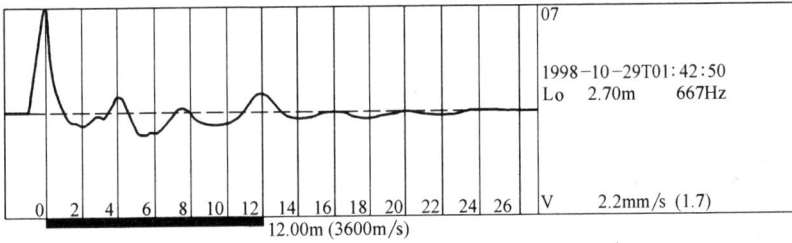

07

1998-10-29T01:42:50
Lo　　2.70m　　667Hz

0　2　4　6　8　10　12　14　16　18　20　22　24　26　V　　2.2mm/s (1.7)

12.00m (3600m/s)

钻孔灌注桩　4.1m　7.6m 缩径

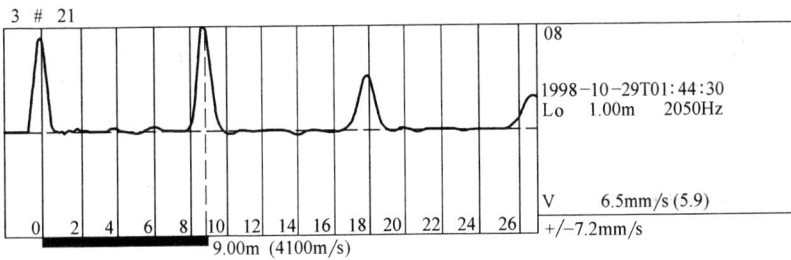

3 # 21

08

1998-10-29T01:44:30
Lo　　1.00m　　2050Hz

0　2　4　6　8　10　12　14　16　18　20　22　24　26　V　　6.5mm/s (5.9)

+/-7.2mm/s

9.00m (4100m/s)

预制方桩　完好桩

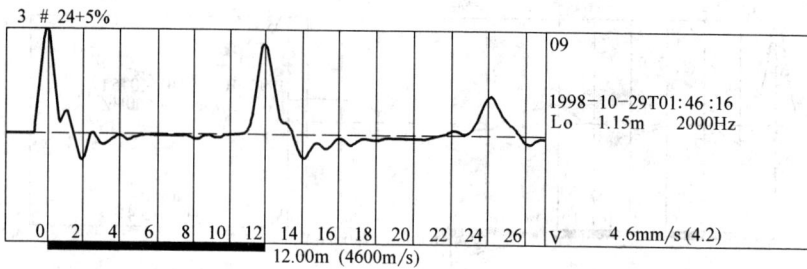

3 # 24+5%

09

1998-10-29T01:46:16
Lo 1.15m 2000Hz

0 2 4 6 8 10 12 14 16 18 20 22 24 26 V 4.6mm/s (4.2)

12.00m (4600m/s)

预制方桩 1.5m 缩径

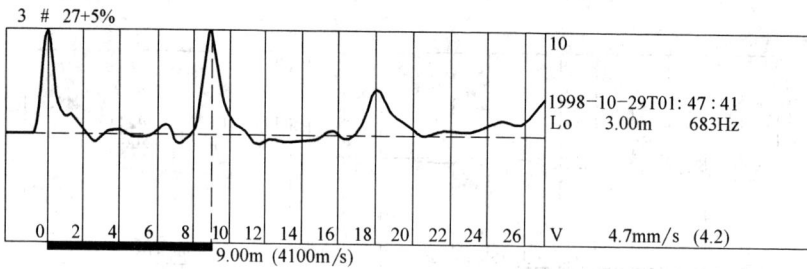

3 # 27+5%

10

1998-10-29T01:47:41
Lo 3.00m 683Hz

0 2 4 6 8 10 12 14 16 18 20 22 24 26 V 4.7mm/s (4.2)

9.00m (4100m/s)

预制方桩 1.5m 缩径 6.6m 离析

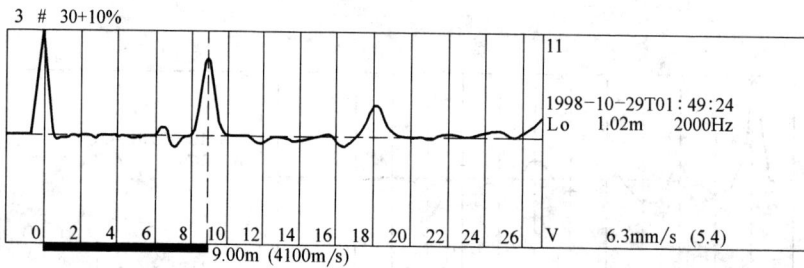

3 # 30+10%

11

1998-10-29T01:49:24
Lo 1.02m 2000Hz

0 2 4 6 8 10 12 14 16 18 20 22 24 26 V 6.3mm/s (5.4)

9.00m (4100m/s)

预制方桩 6.5m 裂缝

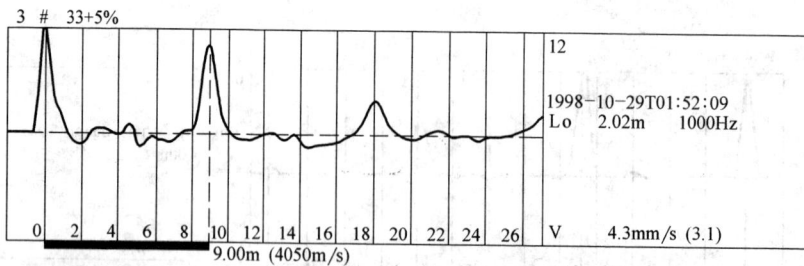

3 # 33+5%

12

1998-10-29T01:52:09
Lo 2.02m 1000Hz

0 2 4 6 8 10 12 14 16 18 20 22 24 26 V 4.3mm/s (3.1)

9.00m (4050m/s)

预制方桩 1.0m 离析 4.8m 缩径

92

13

1998-10-29T01:53:11
Lo 1.02m   2000Hz

V   4.9mm/s (4.1)

14.00m (4100m/s)

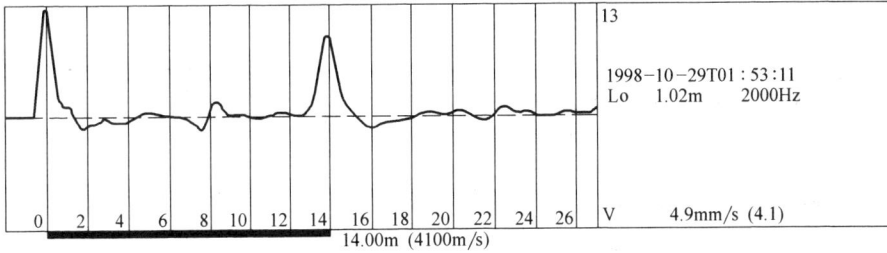

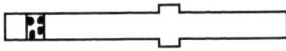

预制方桩 1.4m离析 7.5m扩径

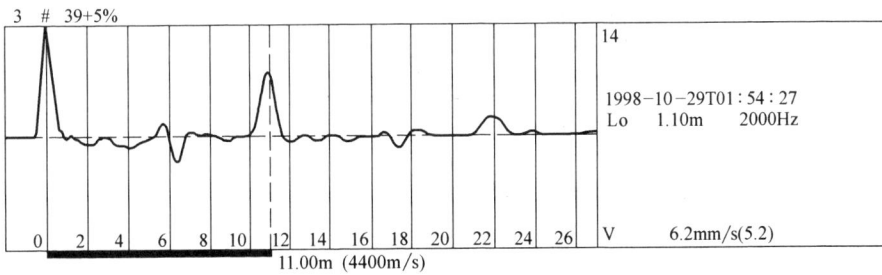

3 # 39+5%

14

1998-10-29T01:54:27
Lo 1.10m   2000Hz

V   6.2mm/s(5.2)

11.00m (4400m/s)

预制方桩 5.8m缩径 6.3m扩径

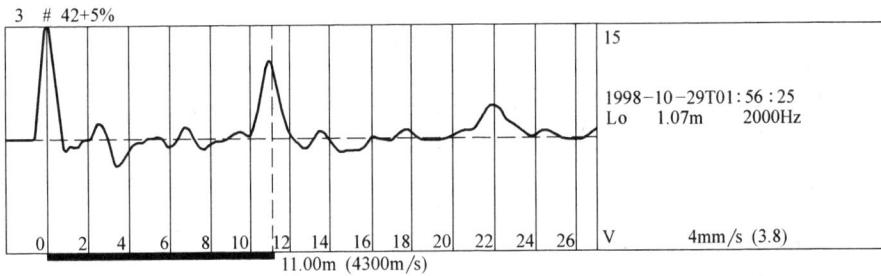

3 # 42+5%

15

1998-10-29T01:56:25
Lo 1.07m   2000Hz

V   4mm/s (3.8)

11.00m (4300m/s)

预制方桩 2.8m 6.9m缩径

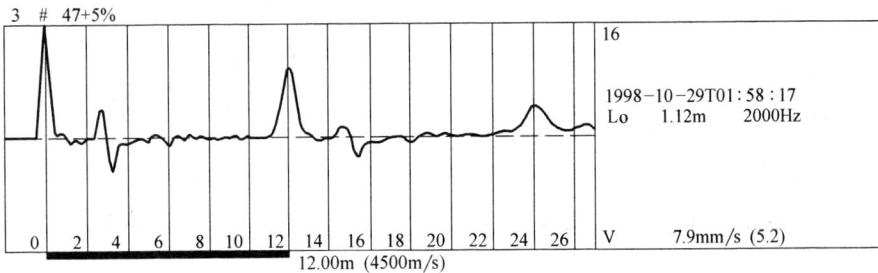

3 # 47+5%

16

1998-10-29T01:58:17
Lo 1.12m   2000Hz

V   7.9mm/s (5.2)

12.00m (4500m/s)

预制方桩 1.6m离析 2.9m裂缝

93

3　#　50+5%

17

1998-10-29T02:00:00
Lo　1.12m　2000Hz

0　2　4　6　8　10　12　14　16　18　20　22　24　26　V　7.2mm/s (5.4)

12.00m (4500m/s)

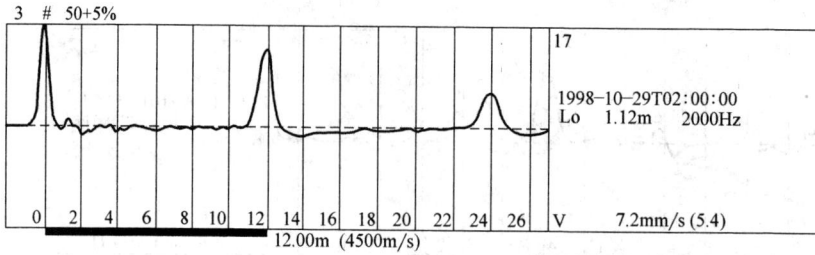

预制方桩　完好桩

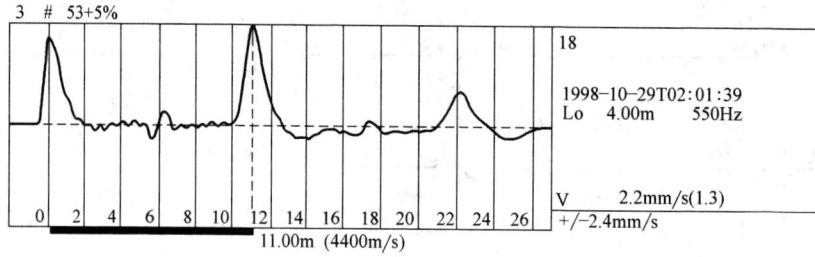

3　#　53+5%

18

1998-10-29T02:01:39
Lo　4.00m　550Hz

0　2　4　6　8　10　12　14　16　18　20　22　24　26　V　2.2mm/s(1.3)

11.00m (4400m/s)　+/−2.4mm/s

预制方桩　5.6m扩径　6.3m缩径

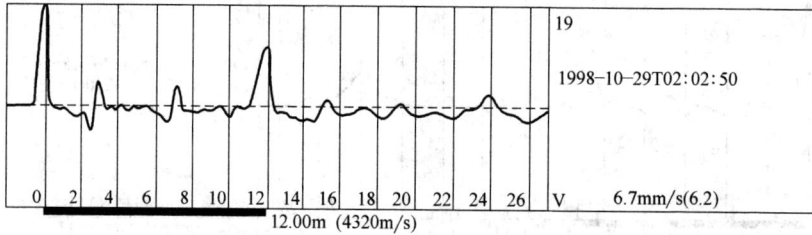

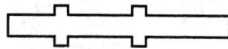

19

1998-10-29T02:02:50

0　2　4　6　8　10　12　14　16　18　20　22　24　26　V　6.7mm/s(6.2)

12.00m (4320m/s)

预制方桩　2.8m　6.8m扩径

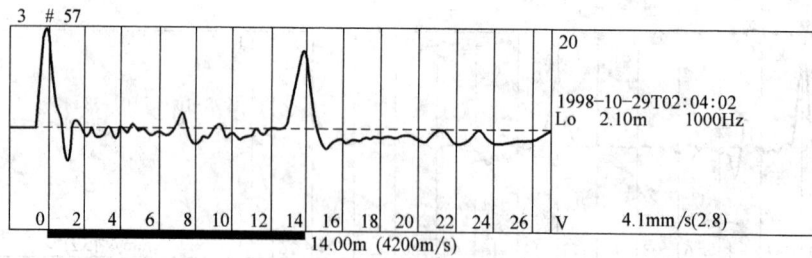

3　#　57

20

1998-10-29T02:04:02
Lo　2.10m　1000Hz

0　2　4　6　8　10　12　14　16　18　20　22　24　26　V　4.1mm/s(2.8)

14.00m (4200m/s)

预制方桩　1.5m扩径　7.2m缩径

本章参考文献

[1]　中国建筑科学研究院. 建筑基桩检测技术规范. JGJ 106—2014 [S]. 北京：中国建筑工业出版社，2014.

94

第十三章　高应变检测

　　虽然低应变检测与高应变检测均采用一维应力波理论分析计算桩-土系统响应。但低应变由于桩-土体系变形很小，一般不考虑土弹簧和土阻尼的非线性问题。高应变除与低应变反射波法的计算原理、方法一致外，还要着重考虑土弹簧、甚至是土阻尼的非线性。[2]

第一节　高应变检测一般规定

　　1. 一般规定[1]

　　（1）本方法适用于检测基桩的竖向抗压承载力和桩身完整性；监测预制桩打入时的桩身应力和锤击能量传递比，为选择沉桩工艺参数及桩长提供依据。

　　（2）进行灌注桩的竖向抗压承载力检测时，应具有现场实测经验和本地区相近条件下的可靠对比验证资料。

　　（3）拟合计算的桩数不应少于检测总桩数的 30%，且不应少于 3 根。

　　（4）对于大直径扩底桩和预估 Q-S 曲线具有缓变形特征的大直径灌注桩，不宜采用本方法进行竖向抗压承载力检测。

　　2. 仪器、设备[1]

　　（1）检测仪器的主要技术性能指标不应低于现行行业标准《基桩动测仪》JG/T 3055—1999 规定的 2 级标准。

　　（2）高应变检测专用锤击设备应具有稳定的导向装置。重锤应形状对称、高径（宽）比不得小于 1。

　　（3）锤击设备可采用筒式柴油锤、液压锤、蒸汽锤等具有导向装置的打桩机械，但不得采用导杆式柴油锤、振动锤。

　　（4）当采取落锤上安装加速度传感器的方式实测锤击力时，重锤的高径（宽）比应在 1.0～1.5。

　　（5）采用高应变法进行承载力检测时，锤的重量与单桩竖向抗压承载力特征值的比值不得小于 0.02。

　　（6）当作为承载力检测值的灌注桩桩径大于 600mm 或混凝土桩桩径大于 30m 时，尚应对桩径或桩长增加引起的桩-锤匹配能力下降进行补偿，在符合 1% 极限值的锤重前提下进一步提高检测用锤的重量。

　　（7）桩的贯入度可采用精密水准仪等仪器测定。

第二节　现　场　检　测

　　1. 检测准备[1]

检测前的准备工作，应符合下列规定

（1）对于不满足休止时间的预制桩，应根据本地区经验，合理安排复打时间，确定承载力的时间效应。

（2）桩顶面应平整，桩顶高度应满足锤击装置的要求，桩锤重心应与桩顶对中，锤击装置架立应垂直。

（3）对不能承受锤击的桩头应进行加固处理，混凝土桩的桩头处理应符合有关规定。

（4）传感器的安装应在桩顶以下两倍桩径水平位置安装，且桩两侧传感器应对称固定在桩身上，应变传感器和加速度传感器的水平距离不宜大于 80mm。

（5）安装应变传感器时，应对其初始应变值进行监测；安装后的传感器初始应变不应过大，锤击时传感器的可测轴向变形余量的绝对值应符合下列规定

1）混凝土桩不得小于 $100\mu\varepsilon$。

2）钢桩不得小于 $1500\mu\varepsilon$。

（6）桩头顶部应设置桩垫，桩垫可采用 10～30mm 厚的木板或胶合板等材料。

2. 检测参数设定[1]

参数设定和计算，应符合下列规定

（1）采样时间间隔宜为 50～200μs，信号采样点数不宜少于 1024 点。

（2）传感器的设定值应按计量检定或校准结果设定。

（3）自由落锤安装加速度传感器测力时，力的设定值由加速度传感器设定值与重锤质量的乘积确定。

（4）测点处的桩截面尺寸应按实际测量确定。

（5）测点以下桩长和截面积可采用设计文件或施工记录提供的数据作为设定值。

（6）桩身材料质量密度应按表 13-1 取值。

桩身材料质量密度（t/m³）　　　　　　　　表 13-1

钢　　桩	混凝土预制桩	离心管桩	混凝土灌注桩
7.85	2.45～2.50	2.55～2.60	2.40

（7）桩身波速可结合本地经验或按同场地同类型已检桩的平均波速初步设定，现场检测完成后应按本规范第 9.4.3 条进行调整；

（8）桩身材料弹性模量应按下式计算：

$$E = \rho \cdot c^2 \tag{13.2.1}$$

式中：E——桩身材料弹性模量（kPa）；

c——桩身应力波传播速度（m/s）；

ρ——桩身材料质量密度（t/m³）。

3. 现场采集[1]

现场检测应符合下列规定

（1）交流供电的测试系统应良好接地，检测时测试系统应处于正常状态。

（2）采用自由落锤为锤击设备时，应符合重锤低击原则，最大锤击落距不宜大于 2.5m。

（3）试验目的为确定预制桩打桩过程中的桩身应力、沉桩设备匹配能力和选择桩长

时，应按满足以下规定：

1）桩身锤击应力监测应符合以下规定

① 被监测的桩型和施工设备、工艺，应与工程桩型和施工设备工艺相同。

② 监测内容应包括桩身拉、压应力。

2）最大应力值监测宜符合下列规定

① 最大拉应力宜在预计桩端进入软土层或穿过硬层进入软层时测试。

② 最大压应力宜在桩端进入硬层或桩侧阻力较大时测试。

3）拉应力计算公式：

$$\sigma_t = 1/2A\{F(t_1 + 2L/c) - Z \cdot V(t_1 + 2L/c) + F[t_1 + (2L - 2x)/c] + Z \cdot V[t_1 + (2L - 2x)/c]\}$$

(13.2.2)

式中：σ_t——深度 x 处的桩身锤击拉应力（kPa）；

x——传感器安装点至计算点的深度（m）；

A——桩身截面面积（m³）。

4）最大拉应力的深度位置应与上式的最大拉应力相对应。

5）最大压应力计算公式：

$$\sigma_p = F_{max}/A$$

(13.2.3)

式中：σ_p——最大压应力（kPa）；

F_{max}——实测的最大锤击力（kN）。

当打桩过程中突然出现贯入度骤减甚至拒锤时，应考虑与桩端接触的硬层对桩身锤击压应力的放大作用。

6）锤击能量计算公式：

$$E_n = \int_0^{t_e} F \cdot V \cdot dt$$

(13.2.4)

式中：E_n——锤实际传递给桩的能量（kJ）；

t_e——采样结束的时刻（s）。

7）桩锤最大动能宜通过测定锤芯最大运动速度确定。

8）桩锤传递比按锤实际传递给桩的能量与锤额定能量的比值确定。

（4）现场信号采集时，应检查采集信号的质量，并根据桩顶最大动位移、贯入度、桩身最大拉应力、桩身最大压应力、缺陷程度及其发展情况等，综合确定每根受检桩记录的有效锤击信号数量。

（5）发现测试波形紊乱，应分析原因；桩身有明显缺陷或缺陷程度加剧，应停止检测。

（6）承载力检测时应实测桩的贯入度，单击贯入度宜在 2~6mm 之间。

第三节　检测数据分析推断

1. 检测信号选择[1]

（1）检测承载力时选取锤击信号，宜取锤击能量较大的击次。

（2）当出现下列情况之一时，高度变锤击信号不得作为承载力分析计算的依据：

1）传感器安装处混凝土开裂或出现严重塑性变形使力曲线最终未归零。

2）严重锤击偏心，两侧力信号幅值相差超过 1 倍。

3）四通道测试数据不全。

2. 参数调整[1]

（1）桩底反射明显时，桩身波速可根据速度波第一峰起升沿的起点到速度反射峰起升或下降沿的起点之间的时差与已知桩长值确定（参见桩身波速的确定图）；桩底反射信号不明显时，可根据桩长、混凝土波速的合理取值范围以及邻近桩的桩身波速值综合确定。

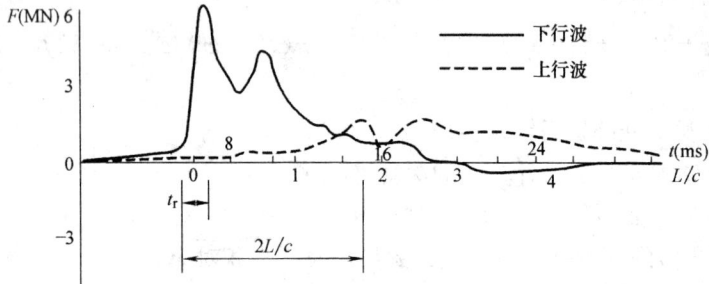

图 13-1　桩身波速的确定图

（2）桩身材料弹性模量和锤击力信号的调整应符合下列规定

1）当测点处原设定波速随调整后的桩身波速改变时，相应的桩身材料弹性模量应按材料弹性模量计算公式重新计算。

2）对于采用应变传感器测量应变并由应变换算冲击力的方式，当原始力信号按速度单位存储时，桩身材料弹性模量调整后尚对原始实测力值校正。

3）对于采用自由落锤安装加速度传感器实测锤击力的方式，当桩身材料弹性模量或桩身波速改变时，不得对原始实测力值进行调整，但应扣除响应传感器安装点以上的桩头惯性力影响。

（3）高应变实测的力和速度信号第一峰起始段不成比例时，不得对实测力或速度信号进行调整。

（4）承载力分析计算前，应结合地基条件、设计参数，对下列实测波形特征进行定性检查。

1）实测曲线特征反映出的桩承载性状。

2）桩身缺陷程度和位置，连续锤击时缺陷的扩大或逐步闭合情况。

（5）出现下列情况之一时，应采用静载试验方法进一步验证

1）桩身存在缺陷，无法判定桩的竖向承载力。

2）桩身缺陷对水平承载力有影响。

3）触变效应的影响，预制桩在多次锤击下承载力下降。

4）单击贯入度大，桩底同向反射强烈且反射峰较宽，侧阻力波、端阻力波反射弱，波形表现出的桩竖向承载性状明显与勘察报告中的地基条件不符合。

5）嵌岩桩桩底同向反射强烈，且在时间 $2L/c$ 后无明显端阻力反射；也可采用钻芯法核验。

3. 凯司法[1]

凯司法从行波理论出发，导出了一套以行波简洁的分析计算公式并改善了相应的测量仪器，使之能在打桩现场立即得到桩的承载力、桩身完整性、桩身应力和锤击能量传递等分析结果，其优点是具有很强的实时测量分析功能。凯司法的承载力基本计算公式及其修正方法，在概念上可视为高应变法的理论基础。

采用凯司法判定中、小直径桩的承载力，应符合下列规定

（1）桩身材质、截面应基本均匀。

（2）阻尼系数 J_c 宜根据同条件下静载试验结果校核，或应在已取得相近条件下可靠对比资料后，采用实测曲线拟合法确定 J_c 值。

（3）在同一场地、地基条件相近和桩型及其截面积相同情况下，J_c 值的极差不宜大于平均值的 30%。

（4）单桩承载力应按下列凯司法公式计算：

$$R_c = 1/2\{(1-J_c)\times[F(t_1)+Z\cdot V(t_1)]+(1+J_c)\times[F(t_1+2L/c)-Z\times V(t_1+2L/c)]\}$$

$$(13.3.1)$$

$$Z=(E\times A)/c \qquad\qquad (13.3.2)$$

式中：R_c——凯司法单桩承载力计算值（kN）；

$\quad J_c$——凯司法阻尼系数；

$\quad t_1$——速度第一峰对应的时刻；

$F(t_1)$——t_1 时刻的锤击力（kN）；

$V(t_1)$——t_1 时刻的质点运动速度（m/s）；

$\quad Z$——桩身截面力学阻抗（kN·s/m）；

$\quad A$——桩身截面面积（m²）；

$\quad L$——测点下桩长（m）。

（5）对于 t_1+2L/c 时刻桩侧和桩端土阻力均已充分发挥的摩擦型桩，单桩竖向抗压承载力检测值可采用凯司法公式的计算值。

（6）对于土阻力滞后于 t_1+2L/c 时刻明显发挥或先于 t_1+2L/c 时刻发挥并产生桩中上部强烈反弹这两种情况，宜分别采用下列方法对凯司法公式的计算值进行提高修正，得到单桩竖向抗压承载力检测值；

1）将 t_1 延时，确定 R_c 的最大值。

2）计入卸载回弹的土阻力，对 R_c 值进行修正。

4. 拟合法[1]

实测曲线拟合法是通过波动问题数值计算，反算确定桩和土的力学模型及其参数值。其过程为：假定各桩单元的桩和土力学模型及模型参数，利用实测的速度（或力、上行波、下行波）曲线作为输入边界条件，数值求解波动方程，反算桩顶的力（或速度、下行波、上行波）曲线。若计算的曲线与实测曲线不吻合，说明假设的模型或其参数不合理，有针对性地调整模型及参数再行计算，直至计算曲线与实测曲线（以及贯入度的计算值与实测值）的吻合程度良好且不易进一步改善为止。

采用实测曲线拟合法判定桩承载力，应符合下列规定

（1）所采用的力学模型应明确、合理，桩和土的力学模型应能分别反映桩和土的实际力学性状，模型参数的取值范围应能限定。

(2) 拟合分析选用的参数应在岩土工程的合理范围内。

(3) 曲线拟合时间段长度在 $t_1 + 2L/c$ 时刻后延续时间不应小于 20ms；对于柴油锤打桩信号，在 $t_1 + 2L/c$ 时刻后延续时间不应小于 30ms。

(4) 各单元所选用的土的最大弹性位移 s_q 值不应超过相应桩单元的最大计算位移值。

(5) 拟合完成时，土阻力响应区段的计算曲线与实测曲线应吻合，其他区段的曲线应基本吻合。

(6) 贯入度的计算值应与实测值接近。

(7) 单桩竖向抗压承载力特征值 Ra 应按本方法得到的单桩竖向抗压承载力检测值的 50% 取值。

5. 完整性判别[1]

高应变检测桩身完整性具有锤击能量大，可对缺陷程度直接定量计算，连续锤击可观察缺陷的扩大和逐步闭合情况等优点。但和低应变法一样，检测的仍是桩身阻抗变化，一般不宜判定缺陷性质。在桩身情况复杂或存在多处阻抗变化时，可优先考虑实测曲线拟合法判定桩身完整性。

(1) 桩身完整性可采用下列方法进行判定

1) 采用实测曲线拟合法判定时，拟合所选用的桩、土参数应按承载力拟合时的有关规定；根据桩的成桩工艺，拟合时可采用桩身阻抗拟合或桩身裂隙以及混凝土预制桩的接桩缝隙拟合。

2) 等截面桩且缺陷深度 x 以上部位的土阻力 R_x 未出现卸载回弹时，桩身完整性系数 β 和桩身缺陷位置 x 应分别按下列公式计算，桩身完整性可按 β 值判定桩身完整性表（表 13-1），并结合经验进行判定。桩身完整性系数计算见图 13-2。

$$\beta = \{F(t_1) + F(t_x) + Z \times [V(t_1) - V(t_x)] - 2R_x\} / \{F(t_1) - F(t_x) + Z \times [V(t_1) + V(t_x)]\}$$

$$(13.3.3)$$

$$x = c \times (t_x - t_1)/2000 \qquad (13.3.4)$$

式中：t_x——缺陷反射峰对应的时刻（ms）；

x——桩身缺陷至传感器安装点的距离（m）；

R_x——缺陷以上部位土阻力的估计值等于缺陷反射波起始点的力与速度乘以桩身截面力学阻抗之差值；

β——桩身完整性系数，其值等于缺陷 x 处桩身截面阻抗与 x 以上桩身截面阻抗的比值；

β 值判定桩身完整性表

表 13-2

类　别	β值	类　别	β值
I	$\beta = 1.0$	III	$0.6 \leqslant \beta < 0.8$
II	$0.8 \leqslant \beta < 1.0$	IV	$\beta < 0.6$

(2) 出现下列情况之一时，桩身完整性宜按地基条件和施工工艺，结合实测曲线拟合法或其他检测方法综合判定

1) 桩身有扩径。

2) 混凝土灌注桩桩身截面渐变或多变。

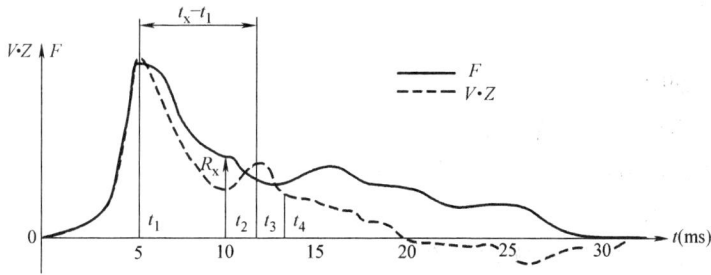

图 13-2　桩身完整性系数计算

3）力和速度曲线在第一峰附近不成比例，桩身浅部有缺陷。

4）锤击力波上升缓慢。

5）桩身完整性判定方法中：缺陷深度 x 以上部位的土阻力 R_x 出现卸载回弹。

（3）桩身最大锤击拉、压应力和桩锤实际传递给桩的能量，应分别按以下公式进行计算：

1）最大锤击拉应力公式

$$\sigma_t = 1/2A\{F(t_1+2L/c)-Z\times V(t_1+2L/c)+F[t_1+(2L-2x)/c]+Z\times V[t_1+(2L-2x)/c]\}$$

(13.3.5)

式中：σ_t——深度 x 处的桩身锤击拉应力（kPa）；

　　　x——传感器安装至计算点的深度（m）；

　　　A——桩身截面面积（m^2）。

2）最大锤击拉应力公式

$$\sigma_p = F_{max}/A$$

(13.3.6)

式中：σ_p——最大锤击压应力（kPa）；

　　　F_{max}——实测的最大锤击力（kN）。

3）锤击能量

$$E_n = \int_0^{t_e} F\times V\times dt$$

(13.3.7)

式中：E_n——锤击能量（kJ）；

　　　t_e——采集结束的时刻（s）。

第四节　检测报告

检测报告所含内容

1. 工程信息[1]

（1）工程名称与地点。

（2）建设、勘察、设计、监理、施工单位。

（3）建筑物概况与基础形式。

（4）检测要求和检测数量。

（5）受检桩型尺寸。

（6）地质条件。

2. 检测[1]

（1）检测日期时间。

（2）检测使用设备、仪器型号和编号。

（3）选择的检测方法，依据的规范、规程。

（4）检测结果表。

（5）检测结果判定以及扩大检测依据。

3. 检测结论[1]

（1）检测评价结论。

（2）建议。

4. 附件[1]

带有检测桩位、桩号、检测要求的桩位平面图，每根所检测桩的实测的力与速度信号曲线，检测工作照片。

本章参考文献

[1] 中国建筑科学研究院. 建筑基桩检测技术规范 JGJ 106—2014 [S]. 北京：中国建筑工业出版社，2014.

第十四章　声波透射检测

第一节　声波与声波透射检测

声波是在介质中传播的机械波，依据波动频率的不同，声波可分为次声波（0～20Hz）、可闻声波（20～20kHz）、超声波（20～100MHz）、特超声波（＞100MHz）。用于混凝土声波透射法检测的声波主频率一般为20～250kHz。[2]

按声波换能器通道的桩体中不同的布置方式，声波透射法检测混凝土灌注桩可分为三种方法[2]

（1）桩内跨孔透射法[2]

在桩内预埋两根或两根以上的声测管，把发射、接收换能器分别置于两管道中。检测时声波由发射换能器出发穿透两管间混凝土后被接收换能器接收，实际有效检测范围为声波脉冲从发射换能器到接收换能器所扫过的面积。根据两换能器高程的变化又可分为平测、斜测、伞形扫测等方式。

（2）桩内单孔透射法[2]

在某些特殊情况只有一个孔道可供检测使用，例如钻孔取芯后，我们需进一步了解芯样周围混凝土质量，作为钻芯检测的补充手段，这时可采用单孔检测法。此时，换能器放置于一个孔中，换能器间用隔声材料隔离（或采用专用的一发双收换能器）。声波从发射换能器出发经耦合水进入孔壁混凝土表层，并沿混凝土表层滑行一段距离后，再经耦合水分别到达两个接收换能器上，从而测出声波沿孔壁混凝土传播时的各项声学参数。

单孔透射法检测时，由于声传播路径较跨孔法复杂得多，须采用信号分析技术，当孔道中有钢制套管时，由于钢管影响声波在孔壁混凝土中的绕行，故不能采用此方法。单孔检测时，有效检测范围一般认为是一个波长左右（8～10cm）。

（3）桩外孔透射法[2]

当桩的上部结构已施工或桩内没有换能器通道时，可在桩外紧贴桩边的土层中钻一孔作为检测通道，由于声波在土中衰减很快，因此桩外孔应尽量靠近桩身。检测时在桩顶面放置一发射功率较大的平面换能器，接收换能器从桩外孔中自上而下慢慢放下。声波沿桩身混凝土向下传播，并穿过桩与孔之间的土层，通过孔中耦合水进入接收换能器，逐点测出透射声波的声学参数。当遇到断桩或夹层时，该处以下各测点声时明显增大，波幅急剧下降，以此为判断依据。这种方法受仪器发射功率的限制，可测桩长十分有限，且只能判断夹层、断桩、缩径等缺陷，另外灌注桩桩身剖面几何形状往往不规则，给测试和分析带来困难。

以上三种方法中，桩内跨孔透射法为较成熟的、可靠的、常用的方法，是声波透射检测灌注桩混凝土质量最主要的形式。另外两种方法在检测过程的实施、数据的分析和判断上均存在不少困难，检测方法的实用性、检测结果的可靠性均较低。

第二节 声波透射检测一般规定

1. 一般规定[1]

（1）本方法适用于混凝土灌注桩的桩身完整性检测，判定桩身缺陷的位置、范围和程度。

（2）当出现下列情况之一时，不得采用本方法对整桩的桩身完整性进行评定：

1）声测管未沿桩身通长配置。

2）声测管堵塞导致检测数据不全。

3）对于桩径小于 0.6m 的桩，不宜采用本方法进行桩身完整性检测。

2. 仪器设备[1]

（1）声波发射与接收换能器应符合下列规定

1）圆柱状径向换能器沿径向振动无指向性。

2）外径应小于声测管内径，有效工作段长度不得大于 150mm。

3）谐振频率应为 30～60kHz。

4）水密性应满足 1MPa 水压不渗水。

（2）声波检测仪应具有下列功能

1）实时显示和记录接收信号时程曲线以及频率测量或频谱分析。

2）最小采样时间间隔应小于等于 0.5μs，系统频带宽度应为 1～200kHz，声波幅值测量相对误差应小于 5%，系统最大动态范围不得小于 100dB。

3）声波发射脉冲应为阶跃或矩形脉冲，电压幅值应为 200～1000V。

4）首波实时显示。

5）自动记录声波发射与接收换能器位置。

（3）声测管

声测管应符合下列规定

1）声测管内径应大于换能器外径。

2）声测管应有足够的径向刚度，声测管材料的温度系数应与混凝土接近。

3）声测管应下端封闭、上端加盖、管内无异物；声测管连接处应光顺过渡，管口应高出混凝土顶面 100mm 以上。

4）浇筑混凝土前应将声测管有效固定。

5）声测管应沿钢筋笼内测呈对称形状布置，并依次编号。

（4）声测管埋设数量

埋设声测管数量应符合下列规定

1）桩径小于或等于 800mm 时，不得少于 2 根声测管。

2）桩径大于 800mm 且小于或等于 1600mm 时，不得少于 3 根声测管。

3）桩径大于 1600mm 时，不得少于 4 根声测管。

4）桩径大于 2500mm 时，宜增加预埋声测管数量。

第三节 现 场 检 测

1. 现场准备工作[1]

现场检测开始时应符合以下规定

（1）当采用声波投射检测时，受检桩混凝土强度不应低于设计强度的70%，且不应低于15MPa。

（2）采用率定法确定仪器系统延迟时间。

（3）计算声测管及耦合水层声时修正值。

（4）在桩顶测量各声测管外壁间净距离。

（5）将各声测管内注满清水，检查声测管畅通情况；换能器应能在声测管全程范围内正常升降。

2. 检测方法选择[1]

现场平测、斜测、伞形扫测应符合下列规定

（1）发射与接收声波换能器应通过深度标志分别置于两根声测管中。

（2）平测时，声波发射与接收声波换能器应始终保持相同深度；斜测时，声波发射与接收声波换能器应始终保持固定高差，且两个换能器中点连线的水平夹角不应大于30°。

（3）声波发射与接收换能器应从桩底向上同步提升，声测线间距不应大于100mm，提升过程中，应校核换能器的深度和校正换能器的高差，并确保测试波形的稳定性，提升速度不宜大于0.5m/s。

（4）应实时显示、记录每条声测线的信号时程曲线，并读取首波声时、幅值；当需要采用信号主频值作为异常声测线辅助判据时，尚应读取信号的主频值；保存检测数据的同时，应保存波列图信息。

（5）同一受检剖面的声测线间距、声波发射电压和仪器设置参数应保持不变。

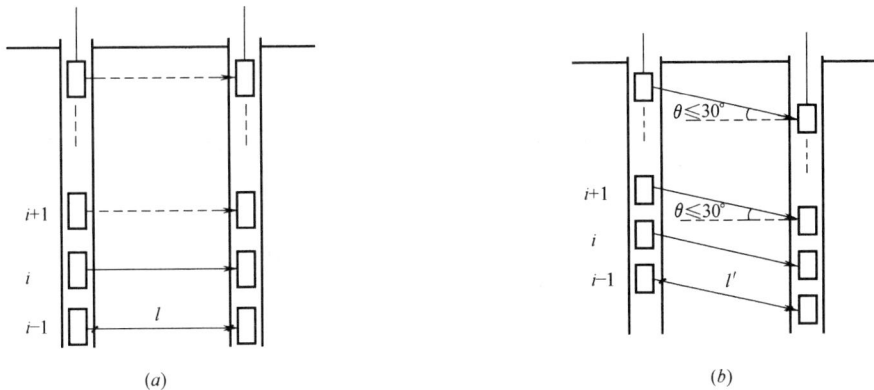

图 14-1 平测、斜测示意图

(a) 平测；(b) 斜测

（6）在桩身质量可疑的声测线附近，应采用增加声测线或采用扇形扫测、交叉斜测、CT影像技术等方式，进行复测和加密测试，确定缺陷的位置和空间分布范围，排除因声测管耦合不良等非桩身缺陷因素导致的异常声测线。采用扇形扫测时，两个换能器中点连线的水平夹角不应大于 $40°$。

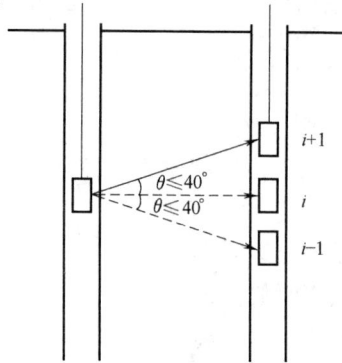

图 14-2　扇形扫测示意图

第四节　检测数据分析与判定

1. 当因声测管倾斜导致声速数据有规律地偏高或偏低变化时，应先对管距进行合理修正，然后对数据进行统计分析。当实测数据明显偏离正常值而又无法进行合理修正时，检测数据不得作为评价桩身完整性的依据。[1]

2. 平测时各声测线的声时、声速、波幅及主频，应根据现场检测数据分别按下列公式计算，并绘制声速-深度曲线和波幅-深度曲线，也可绘制辅助的主频—深度曲线以及能量—深度曲线。[1]

$$t_{ci}(j) = t_i(j) - t_0 - t' \tag{14.4.1}$$

$$v_i(j) = \frac{l_i'(j)}{t_{ci}(j)} \tag{14.4.2}$$

$$A_{pi}(j) = 20\lg \frac{a_i(j)}{a_0} \tag{14.4.3}$$

$$f_i(j) = \frac{1000}{T_i(j)} \tag{14.4.4}$$

式中：i——声测线编号，应对每个检测剖面自下而上（或自上而下）连续编号；

　j——检测剖面编号；

$t_{ci}(j)$——第 j 检测剖面第 i 声测线声时（μs）；

$t_i(j)$——第 j 检测剖面第 i 声测线声时测量值（μs）；

　t_0——仪器系统延迟时间（μs）；

　t'——声测管及耦合水层声时修正值（μs）；

$l_i'(j)$——第 j 检测剖面第 i 声测线的两声测管的外壁间净距离（mm），当两声测管基本平行时，可取为两声测管管口的外壁间净距离；斜测时，$l_i'(j)$ 为声波发射和接收换能器各自中点对应的声测管外壁处之间的净距离，可由桩顶面两声测管的外壁间净距离和发射接收声波换能器的高差计算得到；

$v_i(j)$——第 j 检测剖面第 i 声测线声速（km/s）；

$A_{pi}(j)$——第 j 检测剖面第 i 声测线的首波幅值（dB）；

$a_i(j)$——第 j 检测剖面第 i 声测线信号首波幅值（V）；

a_0——零分贝信号幅值（V）；

$f_i(j)$——第 j 检测剖面第 i 声测线信号主频值（kHz），可经信号频谱分析得到；

$T_i(j)$——第 j 检测剖面第 i 声测线信号周期（μs）。

3. 当采用平测或斜测时，第 j 检测剖面的声速异常判断概率统计值应按下列方法确定[1]

（1）将第 j 检测剖面各声测线的声速值 $v_i(j)$ 由大到小依次按下式排序：

$$v_1(j) \geqslant v_2(j) \geqslant \cdots v_{k'}(j) \geqslant \cdots v_{i-1}(j) \geqslant v_i(j) \geqslant v_{i+1}(j) \geqslant \cdots v_{n-k}(j) \geqslant \cdots v_{n-1}(j) \geqslant v_n(j)$$

$$(14.4.5)$$

式中：$v_i(j)$——第 j 检测剖面第 i 声测线声速，$i=1,2,\cdots\cdots,n$

n——第 j 检测剖面的声测线总数；

k——拟去掉的低声速值的数据个数，$k=0,1,2,\cdots\cdots$

k'——拟去掉的高声速值的数据个数，$k'=0,1,2,\cdots\cdots$

（2）对逐一去掉 $v_i(j)$ 中 k 个最小数值和 k' 个最大数值后的其余数据，按下列公式进行统计计算：

$$v_{01}(j) = v_m(j) - \lambda \cdot s_x(j) \tag{14.4.6}$$

$$v_{02}(j) = v_m(j) + \lambda \cdot s_x(j) \tag{14.4.7}$$

$$v_m(j) = \frac{1}{n-k-k'} \sum_{i=k'+1}^{n-k} v_i(j) \tag{14.4.8}$$

$$s_x(j) = \sqrt{\frac{1}{n-k-k'-1} \sum_{i=k'+1}^{n-k} (v_i(j) - v_m(j))^2} \tag{14.4.9}$$

$$C_v(j) = \frac{s_x(j)}{v_m(j)} \tag{14.4.10}$$

式中：$v_{01}(j)$——第 j 剖面的声速异常小值判断值；

$v_{02}(j)$——第 j 剖面的声速异常大值判断值；

$v_m(j)$——$(n-k-k')$ 个数据的平均值；

$s_x(j)$——$(n-k-k')$ 个数据的标准差；

$C_v(j)$——$(n-k-k')$ 个数据的变异系数；

λ——由表 14-1 查得的与 $(n-k-k')$ 相对应的系数。

统计数据个数 $(n-k-k')$ 与对应的 λ 值[1]　　　　　　表 14-1

$n-k-k'$	10	11	12	13	14	15	16	17	18	20
λ	1.28	1.33	1.38	1.43	1.47	1.50	1.53	1.56	1.59	1.64
$n-k-k'$	20	22	24	26	28	30	32	34	36	38
λ	1.64	1.69	1.73	1.77	1.80	1.83	1.86	1.89	1.91	1.94
$n-k-k'$	40	42	44	46	48	50	52	54	56	58
λ	1.96	1.98	2.00	2.02	2.04	2.05	2.07	2.09	2.10	2.11
$n-b-k'$	60	62	64	66	68	70	72	74	76	78
λ	2.13	2.14	2.15	2.17	2.18	2.19	2.20	2.21	2.22	2.23

$n-k-k'$	80	82	84	86	88	90	92	94	96	98
λ	2.24	2.25	2.26	2.27	2.28	2.29	2.29	2.30	2.31	2.32
$n-k-k'$	100	105	110	115	120	125	130	135	140	145
λ	2.33	2.34	2.36	2.38	2.39	2.41	2.42	2.43	2.45	2.46
$n-k-k'$	150	160	170	180	190	200	220	240	260	280
λ	2.47	2.50	2.52	2.54	2.56	2.58	2.61	2.64	2.67	2.69
$n-k-k'$	300	320	340	360	380	400	420	440	470	500
λ	2.72	2.74	2.76	2.77	2.79	2.81	2.82	2.84	2.86	2.88
$n-k-k'$	550	600	650	700	750	800	850	900	950	1000
λ	2.91	2.94	2.96	2.98	3.00	3.02	3.04	3.06	3.08	3.09
$n-k-k'$	1100	1200	1300	1400	1500	1600	1700	1800	1900	2000
λ	3.12	3.14	3.17	3.19	3.21	3.23	3.24	3.26	3.28	3.29

（3）按 $k=0$、$k'=0$、$k=1$、$k'=1$、$k=2$、$k'=2$……的顺序，将参加统计的数列最小数据 $v_{n-k}(j)$ 与异常小值判断值 $v_{01}(j)$ 进行比较，当 $v_{n-k}(j) \leqslant v_{01}(j)$ 时剔除最小数据；将最大数据 $v_{k'+1}(j)$ 与异常大值判断值 $v_{02}(j)$ 进行比较，当 $v_{k'+1}(j)$ 大于等于 $v_{02}(j)$ 时剔除最大数据，每次剔除一个数据，对剩余数据构成的数列，重复式（10.5.3-2）～（10.5.3-5）的计算步骤，直到下列两式成立：

$$v_{n-k}(j) > v_{01}(j) \tag{14.4.11}$$

$$v_{k'+1}(j) < v_{02}(j) \tag{14.4.12}$$

（4）第 j 检测剖面的声速异常判断概率统计值，应按下式计算：

$$v_0(j) = \begin{cases} v_m(j)(1-0.015\lambda) & \text{当} \, C_v(j) < 0.015\text{时} \\ v_0(j) & \text{当} \, 0.015 \leqslant C_v(j) \leqslant 0.045\text{时} \\ v_m(j)(1-0.045\lambda) & \text{当} \, C_v(j) > 0.045\text{时} \end{cases} \tag{14.4.13}$$

式中：$v_0(j)$——第 j 检测剖面的声速异常判断概率统计值。

4. 受检桩的声速异常判断临界值，应按下列方法确定[1]

（1）应根据本地区经验，结合预留同条件混凝土试件或钻芯法获取的芯样试件的抗压强度与声速对比试验，分别确定桩身混凝土声速的低限值 v_L 和混凝土试件的声速平均值 v_p。

（2）当 $v_0(j)$ 大于 v_l 且小于 v_p 时，

$$v_c(j) = v_0(j) \tag{14.4.14}$$

式中：$v_c(j)$——第 j 检测剖面的声速异常判断临界值；

$\qquad v_0(j)$——第 j 检测剖面的声速异常判断概率统计值。

（3）当 $v_0(j)$ 小于等于 v_L 或 $v_0(j)$ 大于等于 v_p 时，应分析原因；第 j 检测剖面的声速异常判断临界值可按下列情况的声速异常判断临界值综合确定

1）同一根桩的其他检测剖面的声速异常判断临界值；

2）与受检桩属同一工程、相同桩型且混凝土质量较稳定的其他桩的声速异常判断临界值。

（4）对只有单个检测剖面的桩，其声速异常判断临界值等于检测剖面声速异常判断临界值；对具于三个及三个以上检测剖面的桩，应取各个检测剖面声速异常判断临界值的算术平均值，作为该桩各声测线的声速异常判断临界值。

5. 声速 $v_i(j)$ 异常应按下式判定[1]

$$v_i(j) \leqslant v_c \qquad (14.4.15)$$

6. 波幅异常判断的临界值，应按下列公式计算[1]

$$A_m(j) = \frac{1}{n} \sum_{j=1}^{n} A_{pi}(j) \qquad (14.4.16)$$

$$A_c(j) = A_m(j) - 6 \qquad (14.4.17)$$

波幅 $A_{pi}(j)$ 异常应按下式判定：

$$A_{pi}(j) < A_c(j) \qquad (14.4.18)$$

式中：$A_m(j)$——第 j 检测剖面各声测线的波幅平均值（dB）；

$A_{pi}(j)$——第 j 检测剖面第 i 声测线的波幅值（dB）；

$A_c(j)$——第 j 检测剖面波幅异常判断的临界值（dB）；

n——第 j 检测剖面的声测线总数。

7. 当采用信号主频值作为辅助异常声测线判据时，主频-深度曲线上主频值明显降低的声测线可判定为异常。[1]

8. 当采用接收信号的能量作为辅助异常声测线判据时，能量—深度曲线上接收信号能量明显降低可判定为异常。[1]

9. 采用斜率法作为辅助异常声测线判据时，声时—深度曲线上相邻两点的斜率与声时差的乘积 PSD 值应按下式计算。当 PSD 值在某深度处突变时，宜结合波幅变化情况进行异常声测线判定。[1]

$$PSD(j,i) = \frac{[t_{ci}(j) - t_{ci-1}(j)]^2}{z_i - z_{i-1}} \qquad (14.4.19)$$

式中：PSD——声时—深度曲线上相邻两点连线的斜率与声时差的乘积（$\mu s^2/m$）；

$t_{ci}(j)$——第 j 检测剖面第 i 声测线的声时（μs）；

$t_{ci-1}(j)$——第 j 检测剖面第 $i-1$ 声测线的声时（μs）；

z_i——第 i 声测线深度（m）；

z_{i-1}——第 $i-1$ 声测线深度（m）。[1]

10. 桩身缺陷的空间分布范围，可根据以下情况判定：[1]

（1）桩身同一深度上各检测剖面桩身缺陷的分布。

（2）复测和加密测试的结果。

11. 桩身完整性类别应结合桩身缺陷处声测线的声学特征、缺陷的空间分布范围，按表 14-2 所列特征进行综合判定。[1]

类别	特 征
I	所有声测线声学参数无异常,接收波形正常; 存在声学参数轻微异常、波形轻微畸变的异常声测线,异常声测线在任一检测剖面的任一区段内纵向不连续分布,且在任一深度横向分布的数量小于检测剖面数量的50%
II	存在声学参数轻微异常、波形轻微畸变的异常声测线,异常声测线在一个或多个检测剖面的一个或多个区段内纵向连续分布,或在一个或多个深度横向分布的数量大于或等于检测剖面数量的50%; 存在声学参数轻微异常、波形明显畸变的异常声测线,异常声测线在任一检测剖面的任一区段内纵向不连续分布,且在任一深度横向分布的数量小于检测剖面数量的50%
III	存在声学参数明显异常、波形明显畸变的异常声测线,异常声测线在一个或多个检测剖面的一个或多个区段内纵向连续分布,但在任一深度横向分布的数量小于检测剖面数量的50%; 存在声学参数明显异常、波形明显畸变的异常声测线,异常声测线在任一检测剖面的任一区段内纵向不连续分布,但在一个或多个深度横向分布的数量大于或等于检测剖面数量的50%; 存在声学参数严重异常、波形严重畸变或声速低于低限值的异常声测线,异常声测线在任一检测剖面的任一区段内纵向不连续分布,且在任一深度横向分布的数量小于检测剖面数量的50%
IV	存在声学参数明显异常、波形明显畸变的异常声测线,异常声测线在一个或多个检测剖面的一个或多个区段内纵向连续分布,且在一个或多个深度横向分布的数量大于或等于检测剖面数量的50%; 存在声学参数严重异常、波形严重畸变或声速低于低限值的异常声测线,异常声测线在一个或多个检测剖面的一个或多个区段内纵向连续分布,或在一个或多个深度横向分布的数量大于或等于检测剖面数量的50%

注:1. 完整性类别由 IV 类往 I 类依次判定。

2. 对于只有一个检测剖面的受检桩,桩身完整性判定应按该检测剖面代表桩全部横截的情况对待。

第五节 检 测 报 告

检测报告所含内容

1. 工程信息[1]

(1) 工程名称与地点。

(2) 建设、勘察、设计、监理、施工单位。

(3) 建筑物概况与基础形式。

(4) 检测要求和检测数量。

(5) 受检桩型尺寸。

(6) 地质条件。

2. 检测[1]

(1) 检测日期时间。

(2) 检测使用设备、仪器型号和编号。

(3) 选择的检测方法,依据的规范、规程。

(4) 检测结果表。

（5）检测结果判定以及扩大检测依据。

3．检测结论[1]

（1）检测评价结论。

（2）建议。

4．还应包括下列内容[1]

（1）声测管布置图及声测剖面编号。

（2）受检桩每个检测剖面声速—深度曲线、波幅—深度曲线，并将相应判据临界值所对应的标志线绘制于同一个坐标系。

（3）当采用主频值、PSD值或接收信号能量进行辅助分析判定时，应绘制相应的主频—深度曲线、psd曲线或能量—深度曲线。

（4）各检测剖面实测波列图。

（5）对加密测试、扇形扫测的有关情况说明。

（6）当对管距进行修正时，应注明进行管距修正的范围及方法。

附件

5．附件[1]

带有检测桩位、桩号、检测要求的桩位平面图，检测工作照片。

6．检测案例

案例1：在同一根桥梁桩，同时进行低应变和声波透射完整性检测。由实际检测的低应变信号曲线与声波透射信号曲线上看：不论是三点的低应变信号曲线，还是三个声波透射剖面的曲线图、波列图及数据列表进行判断，该桩为完整桩。见图14-3～图14-7，表14-3～表14-6。

案例2：在同一根桥梁桩，同时进行低应变和声波透射完整性检测。由实际检测的低应变信号曲线与声波透射信号曲线上看：从三点的低应变信号曲线判断，该桩无明显缺陷，可判定为完整或基本完整桩；但从三个声波透射剖面的曲线图、波列图及数据列表进行判断，该桩浅部和11m左右处有明显缺陷。由此，出现同一根桩两种完整性检测方法，得到两个不同结果。经对该桩浅部进行剔凿后，发现桩芯混凝土质量符合施工要求，而声测管壁的混凝土含有大量气泡。由此得到造成两种完整性检测方法检测结果相反的原因。见图14-8～图14-12，表14-7～表14-10。

案例3：在同一根桥梁桩，同时进行低应变和声波透射完整性检测。由实际检测的低应变信号曲线与声波透射信号曲线上看：从三点的低应变信号曲线判断，该桩在9米左右有明显缺陷反映，可判定为存在缺陷的桩；但从三个声波透射剖面的曲线图、波列图及数据列表进行判断，该桩在9m处无明显缺陷。由此，出现同一根桩两种完整性检测方法，得到两个不同结果。经对该桩进行中心和两根声测管之间钻芯检测，发现桩中心芯样在9m处有30cm的混凝土无粗骨料，只有水泥和沙子出现在浮浆夹层，而在声测管之间的混凝土符合施工质量要求。经查阅施工记录，发现造成此结果的原因，是施工中混凝土停止浇筑时间过长所造成。图14-13～图14-15，表14-11～表14-15。

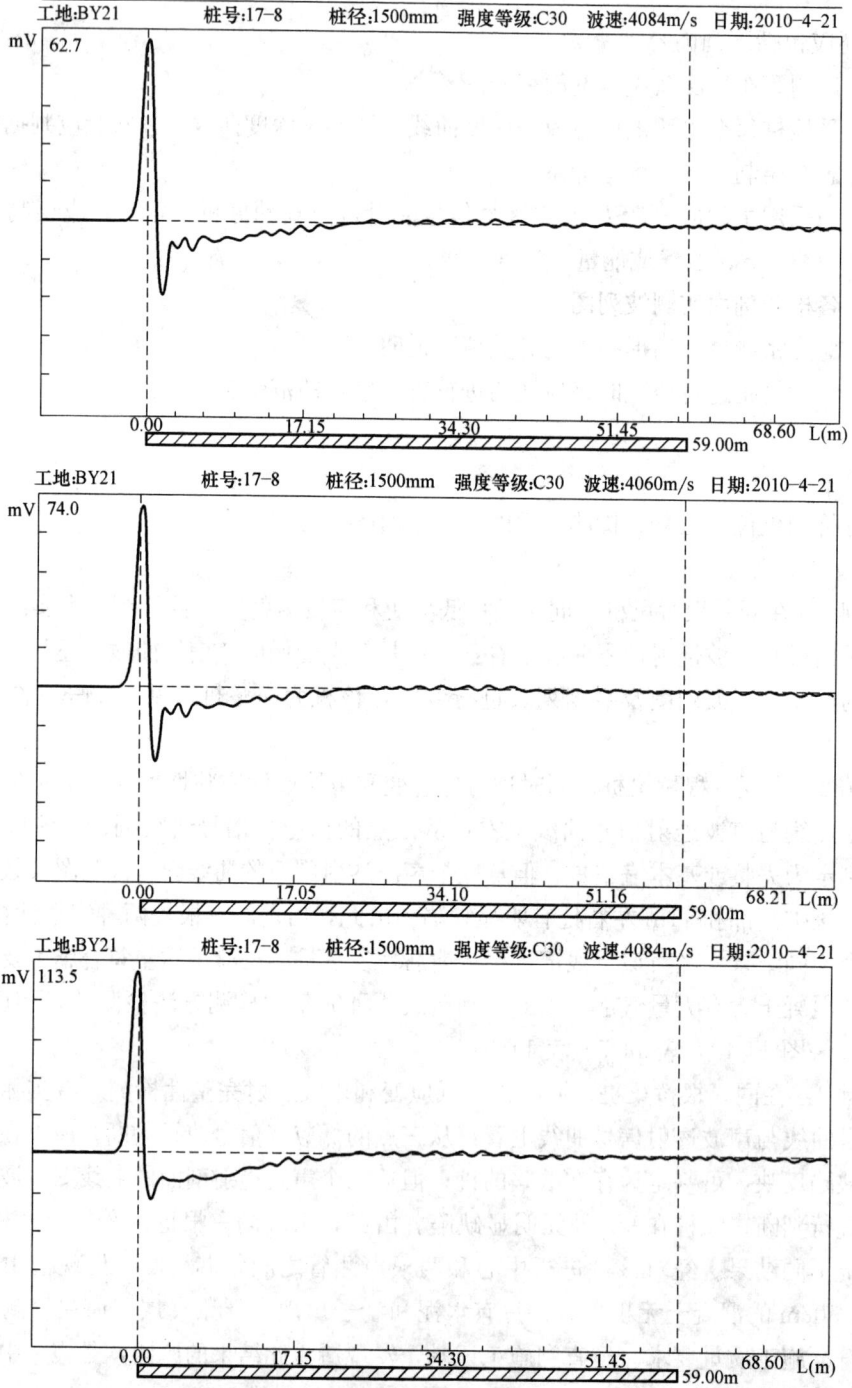

工地:BY21　　　桩号:17-8　　桩径:1500mm　　强度等级:C30　　波速:4084m/s　　日期:2010-4-21

工地:BY21　　　桩号:17-8　　桩径:1500mm　　强度等级:C30　　波速:4060m/s　　日期:2010-4-21

工地:BY21　　　桩号:17-8　　桩径:1500mm　　强度等级:C30　　波速:4084m/s　　日期:2010-4-21

图 14-3　低应变桩基完整性检测附图

曲线图

基桩编号	17-8	桩径		桩顶标高		测试日期	2010年04月22日
设计标号		桩长		检测深度		灌注日期	

比例尺	12测距:694mm	23测距:719mm	13测距:698mm

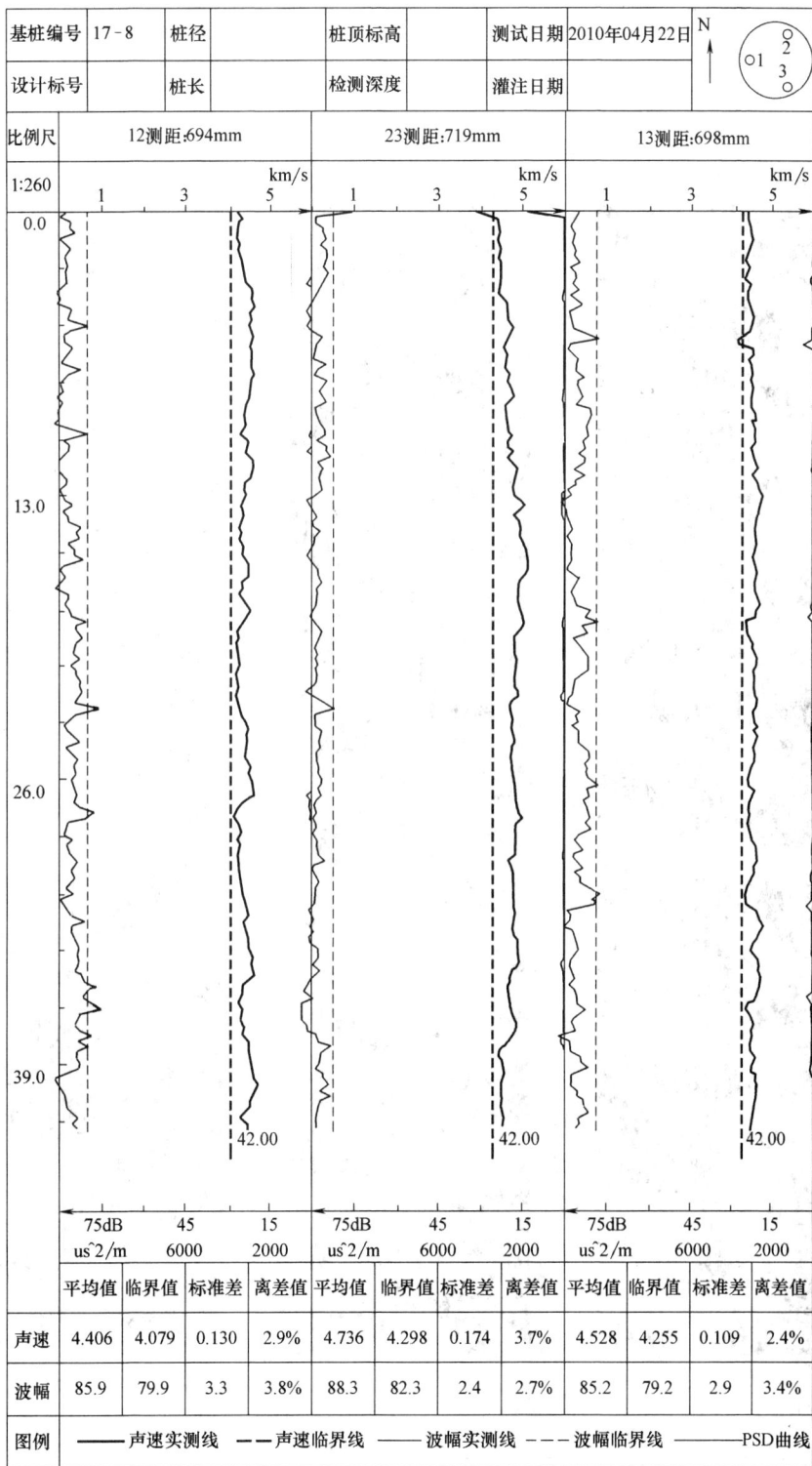

	平均值	临界值	标准差	离差值	平均值	临界值	标准差	离差值	平均值	临界值	标准差	离差值
声速	4.406	4.079	0.130	2.9%	4.736	4.298	0.174	3.7%	4.528	4.255	0.109	2.4%
波幅	85.9	79.9	3.3	3.8%	88.3	82.3	2.4	2.7%	85.2	79.2	2.9	3.4%
图例	——声速实测线 - - -声速临界线 ——波幅实测线 - - -波幅临界线 ——PSD曲线											

图 14-4 曲线图

波列图 (波列影像图)

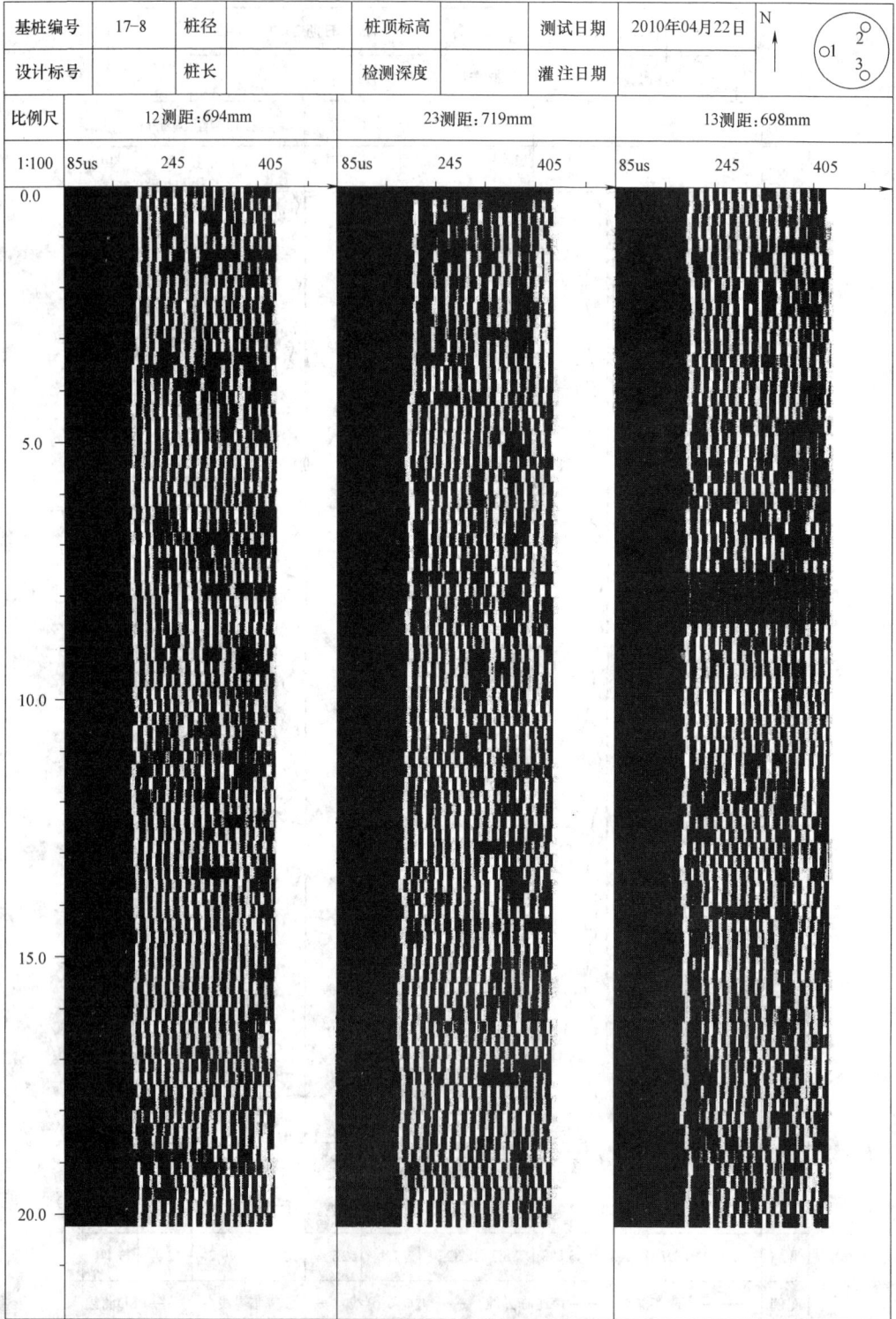

基桩编号	17-8	桩径		桩顶标高		测试日期	2010年04月22日
设计标号		桩长		检测深度		灌注日期	

比例尺	12测距：694mm	23测距：719mm	13测距：698mm
1:100	85us　245　405	85us　245　405	85us　245　405

图 14-5　波列图（波列影像图一）

波列图 (波列影像图)

基桩编号	17-8	桩径		桩顶标高		测试日期	2010年04月22日	N
设计标号		桩长		检测深度		灌注日期		

比例尺	12测距:694mm	23测距:719mm	13测距:698mm
1:100	85us　　245　　405	85us　　245　　405	85us　　245　　405

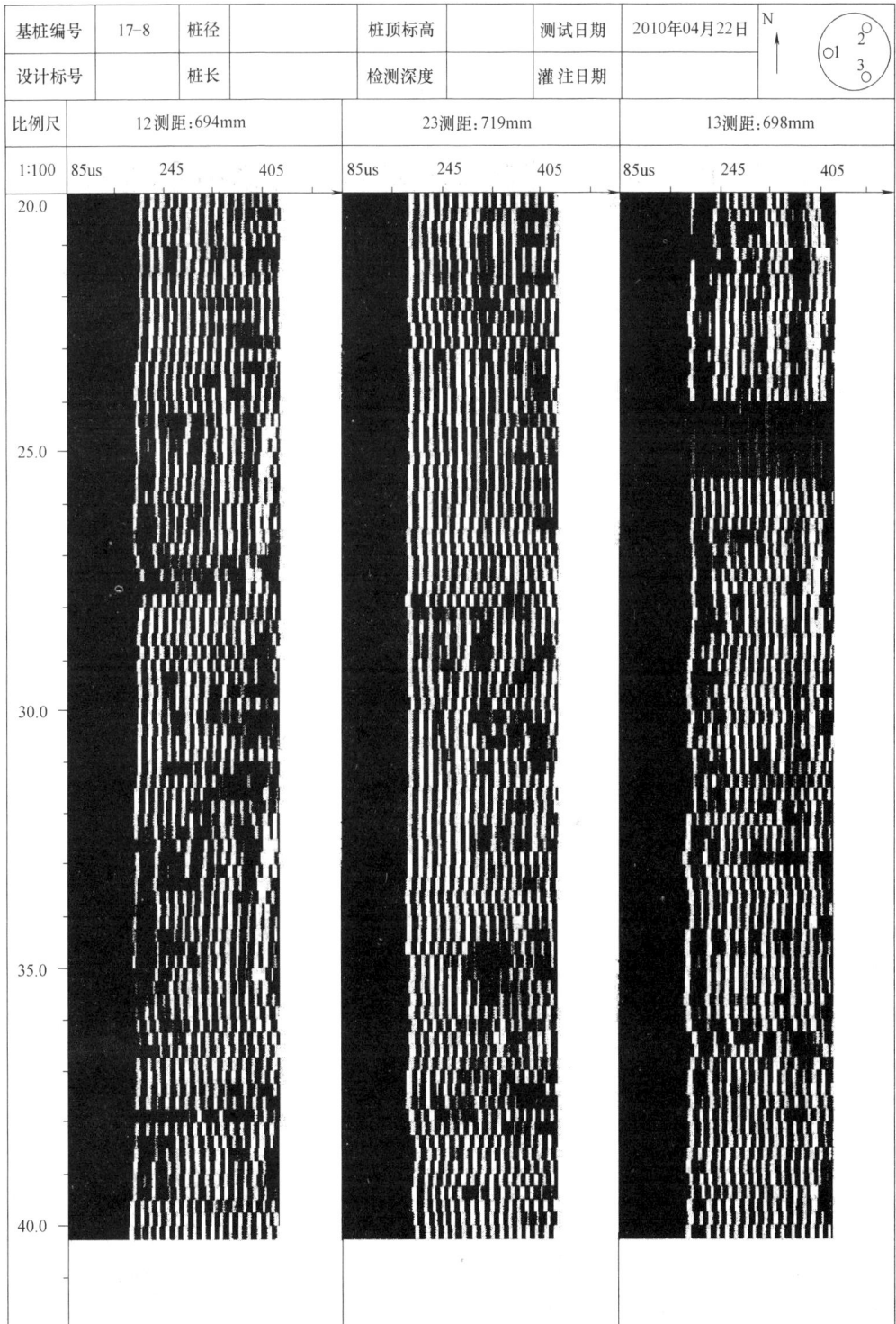

图 14-6　波列图（波列影像图二）

波列图 (波列影像图)

基桩编号	17–8	桩径		桩顶标高		测试日期	2010年04月22日
设计标号		桩长		检测深度		灌注日期	

比例尺	12测距:694mm	23测距:719mm	13测距:698mm
1:100	85us　　245　　405	85us　　245　　405	85us　　245　　405

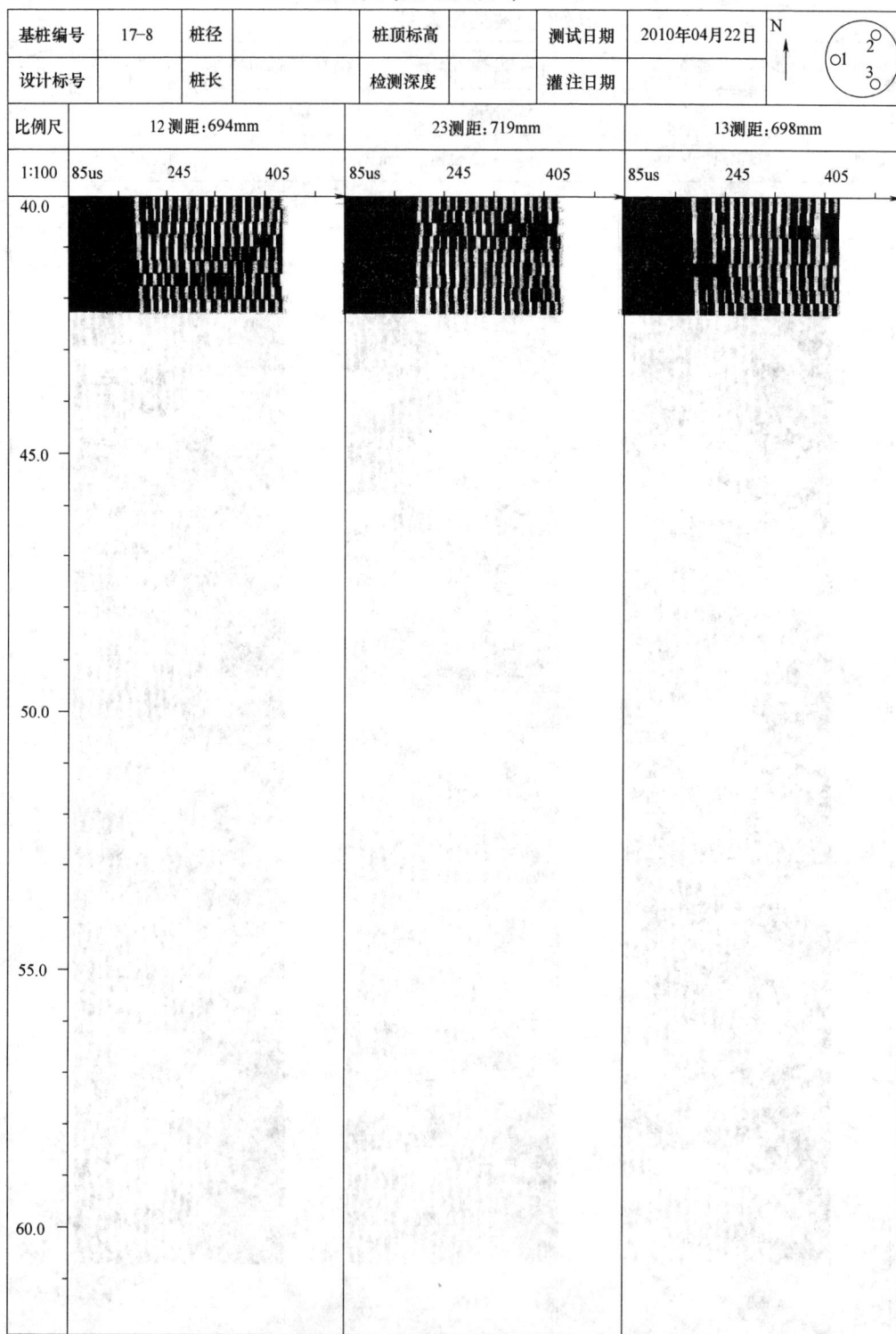

图 14-7　波列图 (波列影像图三)

116

基桩编号	17-8	桩径		桩顶标高		测试日期	2010 年 04 月 22 日		N
设计标号		桩长		检测深度		灌注日期			

(方位示意图：N 方向，圆圈标示 1、2、3)

	12 测距:694mm					23 测距:719mm					13 测距:698mm			
	声速 km/s	波幅 dB	声时 us	PSD us^2/m		声速 km/s	波幅 dB	声时 us	PSD us^2/m		声速 km/s	波幅 dB	声时 us	PSD us^2/m
最大值	4.715	92.54	168.0	256	最大值	5.107	93.88	184.8	1866	最大值	4.794	92.46	167.2	655
最小值	4.131	74.79	1472	0	最小值	3.891	75.95	140.8	0	最小值	4.175	76.97	145.6	0
平均值	4.406	85.86	157.7	24	平均值	4.736	88.25	152.0	35	平均值	4.528	85.22	154.2	41
标准差	0.130	3.27	4.6		标准值	0.174	2.39	5.6		标准差	0.109	2.88	3.7	
离差	2.9%	3.8%	2.9%		离差	3.7%	2.7%	3.7%		离差	2.4%	3.4%	2.4%	

深度 m	声速 km/s	波幅 dB	声时 us	PSD us^2/m	深度 m	声速 km/s	波幅 dB	声时 us	PSD us^2/m	深度 m	声速 km/s	波幅 dB	声时 us	PSD us^2/m
0.00	4.211	87.29	164.8	0	0.00	3.891 *	75.95 *	184.8	0	0.00	4.384	85.49	159.2	0
0.25	4.338	89.82	160.0	92	0.25	4.406	89.02	163.2	1866	0.25	4.353	86.19	160.0	3
0.50	4.252	86.02	163.2	41	0.50	4.427	89.14	162.4	3	0.50	4.452	87.43	156.8	41
0.75	4.232	86.52	164.0	3	0.75	4.427	86.35	162.4	0	0.75	4.497	88.52	155.2	10
1.00	4.211	84.33	164.8	3	1.00	4.449	86.19	161.6	3	1.00	4.429	86.83	157.6	23
1.25	4.191	89.60	165.6	3	1.25	4.384	84.93	164.0	23	1.25	4.521	87.72	154.4	41
1.50	4.273	88.39	162.4	41	1.50	4.427	87.58	162.4	10	1.50	4.452	86.52	156.8	23
1.75	4.232	85.85	164.0	10	1.75	4.494	84.93	160.0	23	1.75	4.384	85.67	159.2	23
2.00	4.252	88.26	163.2	3	2.00	4.384	84.33	164.0	64	2.00	4.341	87.58	160.8	10
2.25	4.316	88.13	160.8	23	2.25	4.471	85.31	160.8	41	2.25	4.298	83.91	162.4	10
2.50	4.338	86.99	160.0	3	2.50	4.427	86.52	162.4	10	2.50	4.452	88.65	156.8	125
2.75	4.338	88.26	160.0	0	2.75	4.427	84.12	162.4	0	2.75	4.341	86.02	160.8	64
3.00	4.338	87.72	160.0	0	3.00	4.427	85.49	162.4	0	3.00	4.277	86.02	163.2	23
3.25	4.381	87.29	158.4	10	3.25	4.494	86.52	160.0	23	3.25	4.452	87.72	156.8	164
3.50	4.566	90.25	152.0	164	3.50	4.427	87.58	162.4	23	3.50	4.363	84.93	160.0	41
3.75	4.566	91.60	152.0	0	3.75	4.406	88.77	163.2	3	3.75	4.363	88.13	160.0	0
4.00	4.542	89.71	152.8	3	4.00	4.562	89.71	157.6	125	4.00	4.341	85.12	160.8	3
4.25	4.590	90.95	151.2	10	4.25	4.657	90.56	154.4	41	4.25	4.429	83.69	157.6	41
4.50	4.566	85.85	152.0	3	4.50	4.633	92.38	155.2	3	4.50	4.474	88.77	156.0	10
4.75	4.495	87.14	154.4	23	4.75	4.681	90.46	153.6	10	4.75	4.568	87.86	152.8	41
5.00	4.518	87.29	153.6	3	5.00	4.657	90.76	154.4	3	5.00	4.497	87.86	155.2	23
5.25	4.472	80.17	155.2	10	5.25	4.781	91.78	150.4	64	5.25	4.474	87.14	156.0	3
5.50	4.518	87.14	153.6	10	5.50	4.705	89.71	152.8	23	5.50	4.341	80.81	160.8	92
5.75	4.566	89.02	152.0	10	5.75	4.633	86.19	155.2	23	5.75	4.175 *	77.44 *	167.2	164
6.00	4.518	88.52	153.6	10	6.00	4.562	88.39	157.6	23	6.00	4.175 *	88.13 *	167.2	0
6.25	4.495	85.12	154.4	3	6.25	4.539	88.52	158.4	3	6.25	4.521	88.65	154.4	655
6.50	4.542	87.14	152.8	10	6.50	4.633	89.02	155.2	41	6.50	4.497	87.14	155.2	3
6.75	4.542	88.65	152.8	0	6.75	4.609	89.60	156.0	3	6.75	4.384	85.85	159.2	64
7.00	4.542	89.49	152.8	0	7.00	4.562	84.93	157.6	10	7.00	4.452	86.52	156.8	23
7.25	4.542	81.97	152.8	0	7.25	4.585	87.86	156.8	3	7.25	4.474	86.02	156.0	3
7.50	4.590	86.83	151.2	10	7.50	4.705	89.49	152.8	64	7.50	4.474	83.00	156.0	0
7.75	4.518	89.14	153.6	23	7.75	4.609	84.33	156.0	41	7.75	4.407	85.58	158.4	23
8.00	4.472	90.04	155.2	10	8.00	4.705	85.68	152.8	41	8.00	4.544	85.49	153.6	92
8.25	4.472	88.26	155.2	0	8.25	4.755	87.72	151.2	10	8.25	4.474	83.91	156.0	23
8.50	4.449	91.42	156.0	3	8.50	4.781	86.35	150.4	3	8.50	4.429	83.00	157.6	10
8.75	4.449	89.14	156.0	0	8.75	4.609	84.93	156.0	125	8.75	4.474	87.14	156.0	10
9.00	4.381	90.95	158.4	23	9.00	4.562	88.77	157.6	10	9.00	4.429	80.50	157.6	10
9.25	4.381	90.66	158.4	0	9.25	4.609	88.77	156.0	10	9.25	4.592	80.50	152.0	125
9.50	4.381	90.04	158.4	0	9.50	4.609	88.26	156.0	0	9.50	4.452	81.41	156.8	92

基桩编号	17-8	桩径		桩顶标高		测试日期	2010 年 04 月 22 日
设计标号		桩长		检测深度		灌注日期	

12 测距:694mm					23 测距:719mm					13 测距:698mm				
深度 m	声速 km/s	波幅 dB	声时 us	PSD us^2/m	深度 m	声速 km/s	波幅 dB	声时 us	PSD us^2/m	深度 m	声速 km/s	波幅 dB	声时 us	PSD us^2/m
9.75	4.449	92.54	156.0	23	9.75	4.657	87.29	154.4	10	9.75	4.544	82.75	153.6	41
10.00	4.381	86.52	158.4	23	10.00	4.657	85.67	154.4	0	10.00	4.568	82.24	152.8	3
10.25	4.273	80.50	162.4	64	10.25	4.755	85.12	151.2	41	10.25	4.521	81.12	154.4	10
10.50	4.449	89.14	156.0	164	10.50	4.633	89.02	155.2	64	10.50	4.568	83.91	152.8	10
10.75	4.449	86.35	156.0	0	10.75	4.633	84.54	155.2	0	10.75	4.429	82.50	157.6	92
11.00	4.359	86.99	159.2	41	11.00	4.781	85.31	150.4	92	11.00	4.544	85.67	153.6	64
11.25	4.566	88.89	152.0	207	11.25	4.609	83.23	156.0	125	11.25	4.497	83.00	155.2	10
11.50	4.614	90.46	150.4	10	11.50	4.730	88.26	152.0	64	11.50	4.616	82.75	151.2	64
11.75	4.590	90.46	151.2	3	11.75	4.858	86.02	148.0	64	11.75	4.666	87.14	149.6	10
12.00	4.542	89.71	152.8	10	12.00	4.858	87.43	148.0	0	12.00	4.474	82.75	156.0	164
12.25	4.518	87.58	153.6	3	12.25	4.781	87.99	150.4	23	12.25	4.592	86.02	152.0	64
12.50	4.381	87.99	158.4	92	12.50	4.755	87.29	151.2	3	12.50	4.666	86.35	149.6	23
12.75	4.381	90.25	158.4	0	12.75	4.755	86.35	151.2	0	12.75	4.641	89.25	150.4	3
13.00	4.426	88.89	156.8	10	13.00	4.806	88.52	149.6	10	13.00	4.768	86.99	146.4	64
13.25	4.359	88.13	159.2	23	13.25	5.021	92.21	143.2	164	13.25	4.716	91.87	148.0	10
13.50	4.295	85.49	161.6	23	13.50	5.107	91.60	140.8	23	13.50	4.666	90.04	149.6	10
13.75	4.359	89.25	159.2	23	13.75	4.911	89.14	146.4	125	13.75	4.666	89.25	149.6	0
14.00	4.359	87.29	159.2	0	14.00	4.755	87.72	151.2	92	14.00	4.568	89.25	152.8	41
14.25	4.295	86.83	161.6	23	14.25	4.938	90.46	145.6	125	14.25	4.592	88.52	152.0	3
14.50	4.252	82.75	163.2	10	14.50	4.965	89.60	144.8	3	14.50	4.544	87.43	153.6	10
14.75	4.316	84.33	160.8	23	14.75	4.885	87.43	147.2	23	14.75	4.544	88.26	153.6	0
15.00	4.273	83.00	162.4	10	15.00	4.938	89.49	145.6	10	15.00	4.592	89.49	152.0	10
15.25	4.338	87.58	160.0	23	15.25	4.993	89.25	144.0	10	15.25	4.641	86.99	150.4	10
15.50	4.359	84.93	159.2	3	15.50	5.078	91.24	141.6	23	15.50	4.616	87.99	151.2	3
15.75	4.316	84.93	160.8	10	15.75	5.107	92.54	140.8	3	15.75	4.497	87.29	155.2	64
16.00	4.404	81.41	157.6	41	16.00	5.107	90.76	140.8	0	16.00	4.521	87.14	154.4	3
16.25	4.495	89.49	154.4	41	16.25	5.107	89.82	140.8	0	16.25	4.616	89.37	151.2	41
16.50	4.495	90.76	154.4	0	16.50	5.078	87.72	141.6	3	16.50	4.616	88.26	151.2	0
16.75	4.472	87.72	155.2	3	16.75	4.965	87.72	144.8	41	16.75	4.568	84.54	152.8	10
17.00	4.338	90.15	160.0	92	17.00	4.938	86.19	145.6	3	17.00	4.592	85.31	152.0	3
17.25	4.359	91.87	159.2	3	17.25	4.858	88.52	148.0	23	17.25	4.544	86.19	153.6	10
17.50	4.273	86.83	162.4	41	17.50	4.858	87.99	148.0	0	17.50	4.592	87.72	152.0	10
17.75	4.359	86.99	159.2	41	17.75	4.858	88.65	148.0	0	17.75	4.691	86.35	148.8	41
18.00	4.472	88.52	155.2	64	18.00	4.858	88.52	148.0	0	18.00	4.742	86.52	147.2	10
18.25	4.542	86.02	152.8	23	18.25	4.965	89.60	144.8	41	18.25	4.544	80.81	153.6	164
18.50	4.472	85.49	155.2	23	18.50	4.993	90.95	144.8	3	18.50	4.568	83.23	152.8	3
18.75	4.404	80.50	157.6	23	18.75	5.078	89.49	141.6	23	18.75	4.298	78.31 * *	162.4	369
19.00	4.295	84.33	161.6	64	19.00	5.049	86.68	142.4	3	19.00	4.363	84.33	160.0	23
19.25	4.211	84.33	164.8	41	19.25	4.858	86.68	148.0	125	19.25	4.363	81.12	160.0	0
19.50	4.273	82.24	162.4	23	19.50	4.781	87.72	150.4	23	19.50	4.429	87.29	157.6	23
19.75	4.191	84.12	165.6	41	19.76	4.806	88.39	149.6	3	19.75	4.521	85.85	154.4	41
20.00	4.191	84.93	165.6	0	20.00	4.806	89.14	149.6	0	20.00	4.497	84.74	155.2	3
20.25	4.232	85.31	164.0	50	20.25	4.781	87.99	150.4	3	20.25	4.568	82.50	152.8	23
20.50	4.232	82.75	164.0	0	20.50	4.885	89.02	147.2	41	20.50	4.616	81.97	151.2	10
20.75	4.273	86.35	162.4	10	20.75	4.858	87.99	148.0	3	20.75	4.616	81.41	151.2	0
21.00	4.211	84.33	164.8	23	21.00	4.806	88.89	149.6	10	21.00	4.521	81.70	154.4	41
21.25	4.191	84.12	165.6	3	21.25	4.806	88.39	149.6	0	21.25	4.544	85.49	153.6	3
21.50	4.232	82.75	164.0	10	21.50	4.832	88.26	148.8	3	21.50	4.544	86.68	153.6	0
21.75	4.252	83.23	163.2	3	21.75	4.806	89.93	149.6	3	21.75	4.568	86.99	152.8	3
22.00	4.211	81.97	164.8	10	22.00	4.911	92.38	146.4	41	22.00	4.544	87.14	153.6	3
22.25	4.191	83.46	165.6	3	22.25	4.885	88.39	147.2	3	22.25	4.641	88.77	150.4	41
22.50	4.232	84.54	164.0	10	22.50	4.681	85.67	153.6	164	22.50	4.616	88.89	151.2	3
22.75	4.252	75.95 *	163.2	3	22.75	4.633	81.70 *	155.2	10	22.75	4.544	84.12	153.6	23

基桩编号	17-8	桩径		桩顶标高		测试日期	2010 年 04 月 22 日
设计标号		桩长		检测深度		灌注日期	

12 测距:694mm					23 测距:719mm					13 测距:698mm				
深度 m	声速 km/s	波幅 dB	声时 us	PSD us^2/m	深度 m	声速 km/s	波幅 dB	声时 us	PSD us^2/m	深度 m	声速 km/s	波幅 dB	声时 us	PSD us^2/m
23.00	4.295	84.12	161.6	10	23.00	4.755	89.49	151.2	64	23.00	4.568	87.14	152.8	3
23.25	4.426	86.83	156.8	92	23.25	4.781	89.49	150.4	3	23.25	4.544	84.93	153.6	3
23.50	4.449	88.26	156.0	3	23.50	4.730	89.14	152.0	10	23.50	4.641	88.65	150.4	41
23.75	4.495	87.43	154.4	10	23.75	4.730	86.52	152.0	0	23.75	4.521	85.31	154.4	64
24.00	4.426	85.49	156.8	23	24.00	4.755	86.83	151.2	3	24.00	4.666	85.67	149.6	92
24.25	4.449	82.75	156.0	3	24.25	4.806	87.99	149.6	10	24.25	4.568	85.85	152.8	41
24.50	4.426	87.99	156.8	3	24.50	4.755	86.99	151.2	10	24.50	4.474	83.12	156.0	41
24.75	4.426	85.31	156.8	0	24.75	4.781	88.89	150.4	3	24.75	4.568	80.97	152.8	41
25.00	4.404	83.46	157.6	3	25.00	4.705	88.13	152.8	23	25.00	4.592	80.97	152.0	3
25.25	4.495	84.74	154.4	41	25.25	4.755	88.52	151.2	10	25.25	4.497	82.87	155.2	41
25.50	4.518	85.12	163.6	3	25.50	4.755	87.72	151.2	0	25.50	4.452	81.97	156.8	10
25.75	4.495	84.33	154.4	3	25.75	4.806	88.13	149.6	10	25.75	4.384	82.50	159.2	23
26.00	4.542	85.67	152.8	10	26.00	4.781	86.68	150.4	3	26.00	4.407	81.41	158.4	3
26.25	4.590	85.12	151.2	10	26.25	4.781	86.83	150.4	0	26.25	4.429	78.31 *	157.6	3
26.50	4.614	84.12	150.4	3	26.50	4.858	88.52	148.0	23	26.50	4.568	82.24	152.8	92
26.75	4.639	83.91	149.6	3	26.75	4.832	86.52	148.8	3	26.75	4.521	81.41	154.4	10
27.00	4.404	85.12	157.6	256	27.00	4.832	88.89	148.8	0	27.00	4.452	83.23	156.8	23
27.25	4.316	83.00	160.8	41	27.25	4.858	89.49	148.0	3	27.25	4.407	81.70	158.4	10
27.50	4.151	77.89 *	167.2	164	27.50	4.911	87.99	146.4	10	27.50	4.474	81.41	156.0	23
27.75	4.131	80.50	168.0	3	27.75	4.993	90.76	144.4	23	27.75	4.497	81.12	155.2	3
28.00	4.252	87.43	163.2	92	28.00	4.885	88.77	147.2	41	28.00	4.384	83.00	159.2	64
28.25	4.295	88.26	161.6	10	28.25	4.781	88.39	150.4	41	28.25	4.452	80.17	156.8	23
28.50	4.338	88.39	160.0	10	28.50	4.832	90.04	148.8	10	28.50	4.497	85.31	155.2	10
28.75	4.211	85.49	164.8	92	28.75	4.858	88.65	148.0	3	28.75	4.474	86.99	156.0	3
29.00	4.316	87.72	160.8	64	29.00	4.858	87.86	148.0	0	29.00	4.616	84.54	151.2	92
29.25	4.295	86.52	161.6	3	29.25	4.832	88.26	148.8	3	29.25	4.641	83.00	150.4	3
29.50	4.232	85.49	164.0	23	29.50	4.806	88.13	149.6	3	29.50	4.666	86.83	149.6	3
29.75	4.252	83.46	163.2	3	29.75	4.657	89.37	154.4	92	29.75	4.641	86.52	150.4	3
30.00	4.273	84.74	162.4	3	30.00	4.781	89.71	150.4	64	30.00	4.497	83.23	155.2	92
30.25	4.252	86.19	163.2	3	30.25	4.781	89.93	150.4	0	30.25	4.592	86.35	152.0	41
30.50	4.252	84.33	163.2	0	30.50	4.781	88.89	150.4	0	30.50	4.568	84.74	152.8	3
30.75	4.273	86.83	162.4	3	30.75	4.781	87.72	150.4	0	30.75	4.407	84.74	158.4	125
31.00	4.295	87.86	161.6	3	31.00	4.781	88.89	150.4	0	31.00	4.341	81.12	160.8	23
31.25	4.338	84.93	160.0	10	31.25	4.755	88.65	151.2	3	31.25	4.341	76.97 *	160.8	0
31.50	4.449	89.93	156.0	64	31.50	4.781	89.25	150.4	3	31.50	4.319	80.50	161.6	3
31.75	4.449	88.89	156.0	0	31.75	4.781	89.02	150.4	0	31.75	4.363	78.72 *	160.0	10
32.00	4.495	87.43	154.4	10	32.00	4.832	91.51	148.8	10	32.00	4.641	89.25	150.4	369
32.25	4.495	85.67	154.4	0	32.25	4.858	89.82	148.0	3	32.25	4.666	87.43	149.6	3
32.50	4.381	80.81	158.4	64	32.50	4.755	89.14	151.2	41	32.50	4.666	87.29	149.6	0
32.75	4.404	85.85	157.6	3	32.75	4.730	89.56	152.0	3	32.75	4.794	90.35	145.6	64
33.00	4.426	85.67	156.8	3	33.00	4.781	89.37	150.4	10	33.00	4.666	86.68	149.6	64
33.25	4.495	84.74	154.4	23	33.25	4.885	91.60	147.2	41	33.25	4.641	86.02	150.4	3
33.50	4.495	83.91	154.4	0	33.50	4.938	90.86	145.6	10	33.50	4.521	86.19	154.4	64
33.75	4.495	83.23	154.4	0	33.75	4.885	87.86	147.2	10	33.75	4.452	84.33	156.8	23
34.00	4.566	83.91	152.0	23	34.00	4.911	87.72	146.4	3	34.00	4.497	86.02	155.2	10
34.25	4.614	83.46	150.4	10	34.25	4.911	87.58	146.4	0	34.25	4.666	87.99	149.6	125
34.50	4.566	83.23	152.0	10	34.50	4.938	89.60	145.6	3	34.50	4.716	88.26	148.0	10
34.75	4.614	84.74	150.4	10	34.75	4.681	86.68	153.6	256	34.75	4.666	87.29	149.6	10
35.00	4.664	82.24	148.8	10	35.00	4.657	88.65	154.4	3	35.00	4.742	86.02	147.2	23
35.25	4.472	80.81	155.2	164	35.25	4.730	91.14	152.0	23	35.25	4.716	85.67	148.0	3
35.50	4.381	76.97 *	158.4	41	35.50	4.657	91.78	154.4	23	35.50	4.768	87.99	146.4	10
35.75	4.381	81.12	158.4	0	35.75	4.705	93.31	152.8	10	35.75	4.666	85.85	149.6	41
36.00	4.338	81.97	160.0	10	36.00	4.657	89.02	154.4	10	36.00	4.666	85.12	149.6	0

数据列表　　　　　　　　　　　　　　　　表 14-6

基桩编号	17-8	桩径		桩顶标高		测试日期		2010 年 04 月 22 日
设计标号		桩长		检测深度		灌注日期		

12 测距:694mm					23 测距:719mm					13 测距:698mm				
深度 m	声速 km/s	波幅 dB	声时 us	PSD us^2/m	深度 m	声速 km/s	波幅 dB	声时 us	PSD us^2/m	深度 m	声速 km/s	波幅 dB	声时 us	PSD us^2/m
36.25	4.273	79.10 *	162.4	23	36.25	4.730	93.45	152.0	23	36.25	4.384	85.49	159.2	369
36.50	4.338	74.79 *	160.0	23	36.50	4.705	93.81	152.8	3	36.50	4.341	81.70	160.8	10
36.75	4.359	82.75	159.2	3	36.75	4.806	93.38	149.6	41	36.75	4.474	83.91	156.0	92
37.00	4.316	83.46	160.8	10	37.00	4.885	93.88	147.2	23	37.00	4.544	86.83	153.6	23
37.25	4.404	84.74	157.6	41	37.25	4.911	91.78	146.4	3	37.25	4.568	87.58	152.8	3
37.50	4.404	83.00	157.6	0	37.50	4.885	91.87	147.2	3	37.50	4.497	85.67	155.2	23
37.75	4.381	78.31 *	158.4	3	37.75	4.781	88.26	150.4	41	37.75	4.544	92.46	153.6	10
38.00	4.472	83.69	155.2	41	38.00	4.705	87.99	152.8	23	38.00	4.474	87.99	156.0	23
38.25	4.495	79.47 *	154.4	3	38.25	4.494	83.00	160.0	207	38.25	4.474	87.99	156.0	0
38.50	4.495	83.91	154.4	0	38.50	4.406	86.83	163.2	41	38.50	4.568	87.43	152.8	41
38.75	4.542	84.33	152.8	10	38.75	4.449	86.83	161.6	10	38.75	4.666	83.91	149.6	41
39.00	4.566	82.50	152.0	3	39.00	4.539	87.14	158.4	41	39.00	4.474	83.69	156.0	164
39.25	4.590	83.00	151.2	3	39.25	4.585	88.89	156.8	10	39.25	4.407	81.41	158.4	23
39.50	4.614	89.02	150.4	3	39.50	4.609	85.67	156.0	3	39.50	4.641	87.14	150.4	256
39.75	4.639	92.04	149.6	3	39.75	4.494	85.49	160.0	64	39.75	4.521	86.99	154.4	64
40.00	4.715	90.04	147.2	23	40.00	4.449	83.69	161.6	10	40.00	4.641	87.86	150.4	64
40.25	4.664	89.02	148.8	10	40.25	4.494	87.72	160.0	10	40.25	4.616	85.12	151.2	3
40.50	4.614	88.13	150.4	10	40.50	4.449	83.23	161.6	10	40.50	4.641	85.31	150.4	3
40.75	4.542	87.86	152.8	23	40.75	4.449	87.14	161.6	0	40.75	4.592	82.75	152.0	10
41.00	4.542	87.72	152.8	0	41.00	4.494	88.39	160.0	10	41.00	4.592	83.00	152.0	0
41.25	4.426	85.49	156.8	64	41.25	4.494	88.26	160.0	0	41.25	4.592	80.81	152.0	0
41.50	4.295	83.46	161.6	92	41.50	4.494	89.14	160.0	0	41.50	4.521	84.93	154.4	23
41.75	4.472	85.31	155.2	164	41.75	4.585	89.02	156.8	41	41.75	4.521	84.33	154.4	0
42.00	4.472	83.69	155.2	0	42.00	4.562	88.39	157.6	3	42.00	4.497	85.67	155.2	3

120

| 工地:HQ12-5 | 桩号:12-5 | 桩径:1500mm | 强度等级:C30 | 波速:3984m/s | 日期:2010-5-25 |

| 工地:HQ12-5 | 桩号:12-5 | 桩径:1500mm | 强度等级:C30 | 波速:4065m/s | 日期:2010-5-25 |

| 工地:HQ12-5 | 桩号:12-5 | 桩径:1500mm | 强度等级:C30 | 波速:4032m/s | 日期:2010-5-25 |

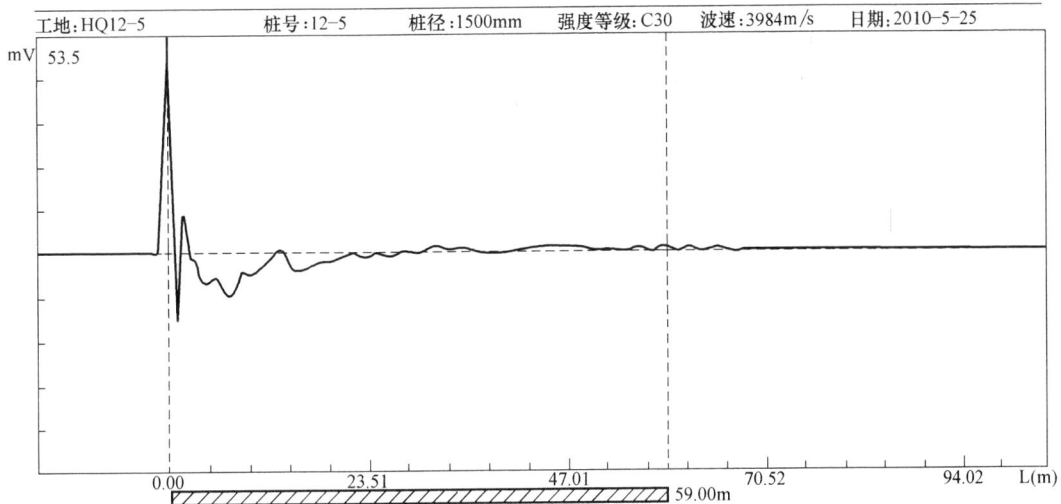

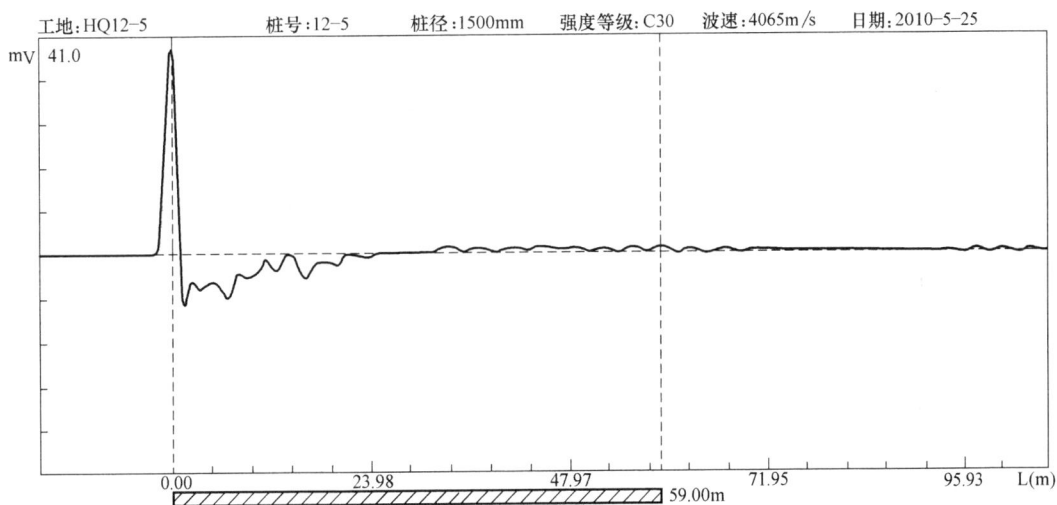

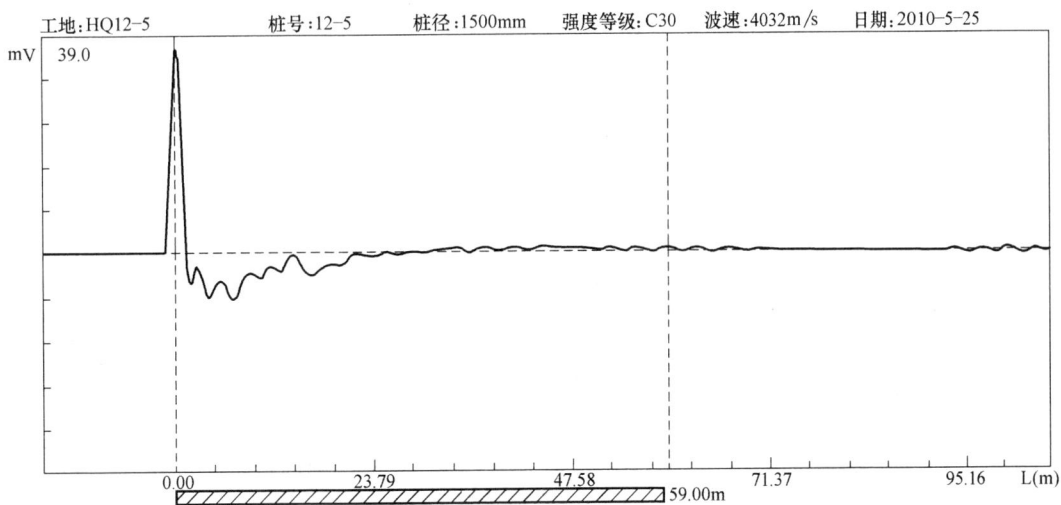

图 14-8　低应变桩基完整性检测附图

121

曲 线 图

基桩编号	12-5	桩径		桩顶标高		测试日期	2010年05月25日	N ↑
设计标号		桩长		检测深度		灌注日期		①1 ②2 ③3

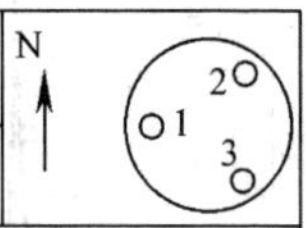

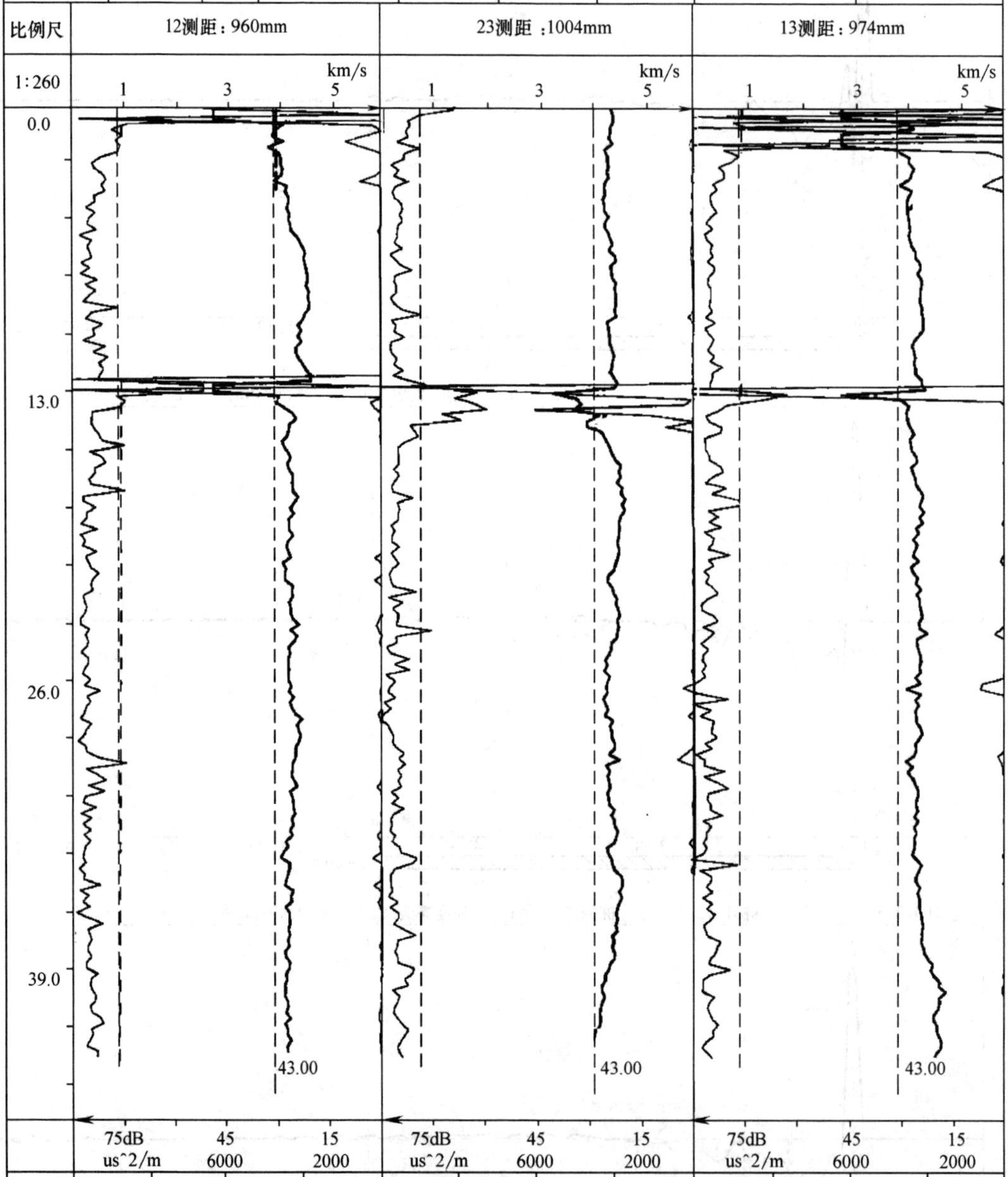 比例尺	12测距：960mm	23测距：1004mm	13测距：974mm

	75dB us^2/m	45 6000	15 2000		75dB us^2/m	45 6000	15 2000		75dB us^2/m	45 6000	15 2000	

	平均值	临界值	标准差	离差值	平均值	临界值	标准差	离差值	平均值	临界值	标准差	离差值
声速	4.253	3.926	0.131	3.1%	4.406	4.114	0.116	2.6%	4.280	3.840	0.175	4.1%
波幅	82.7	76.7	12.2	14.7%	84.4	78.4	4.6	5.5%	83.0	77.0	12.3	14.8%

图例	——— 声速实测线	- - - 声速临界线	——— 波幅实测线	- - - 波幅临界线	——— PSD曲线

图 14-9 曲线图

波列图 (波列影像图)

基桩编号	12-5	桩径		桩顶标高		测试日期	2010年05月25日
设计标号		桩长		检测深度		灌注日期	

比例尺	12 测距：960mm	23测距：1004mm	13测距：974mm
1:100	76us　　236　　396	76us　　236　　396	76us　　236　　396

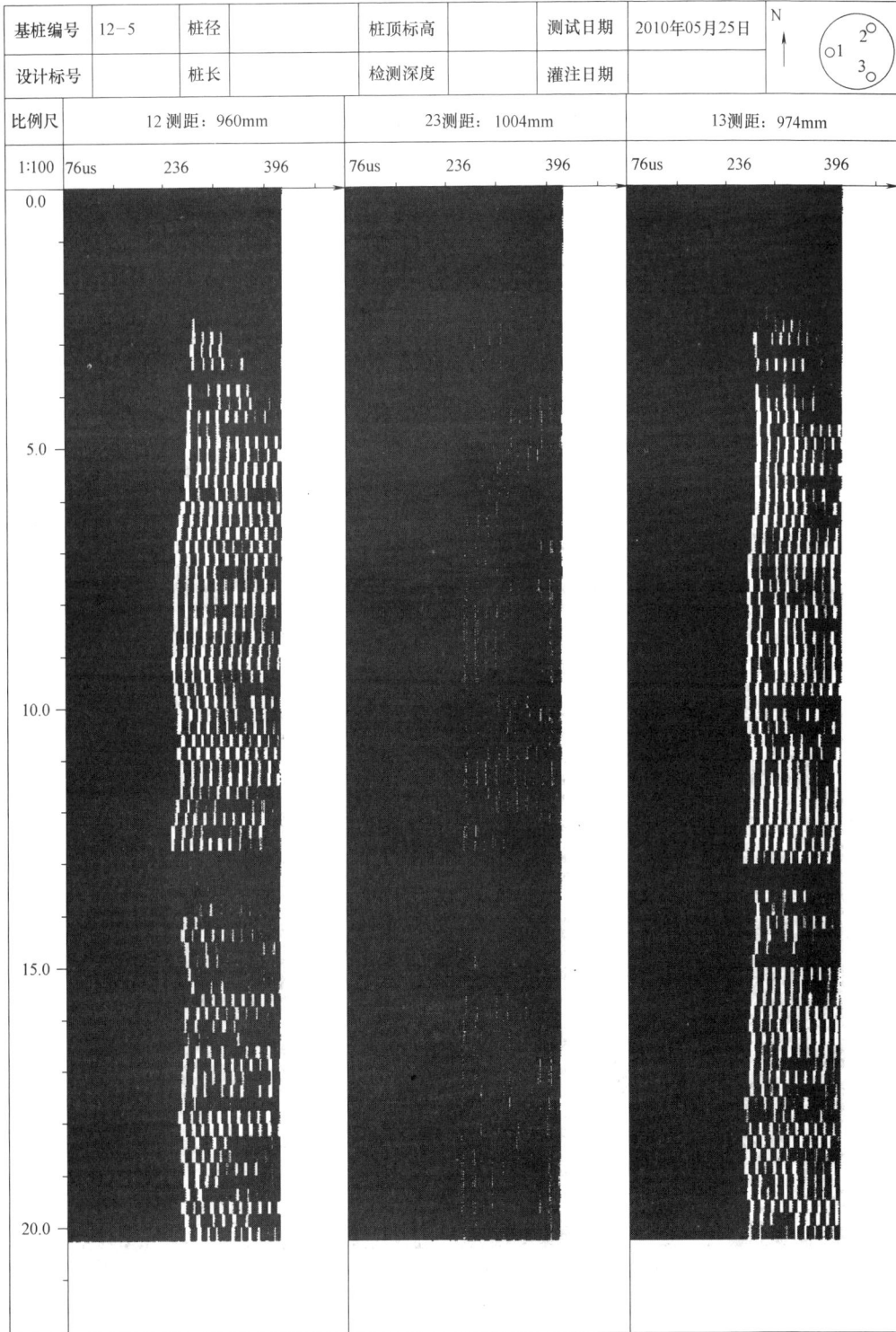

图 14-10　波列图（波列影像图一）

123

波列图 (波列影像图)

基桩编号	12-5	桩径		桩顶标高		测试日期	2010年05月25日	N
设计标号		桩长		检测深度		灌注日期		

比例尺	12 测距：960mm	23测距：1004mm	13测距：974mm
1:100	76us　　236　　396	76us　　236　　396	76us　　236　　396

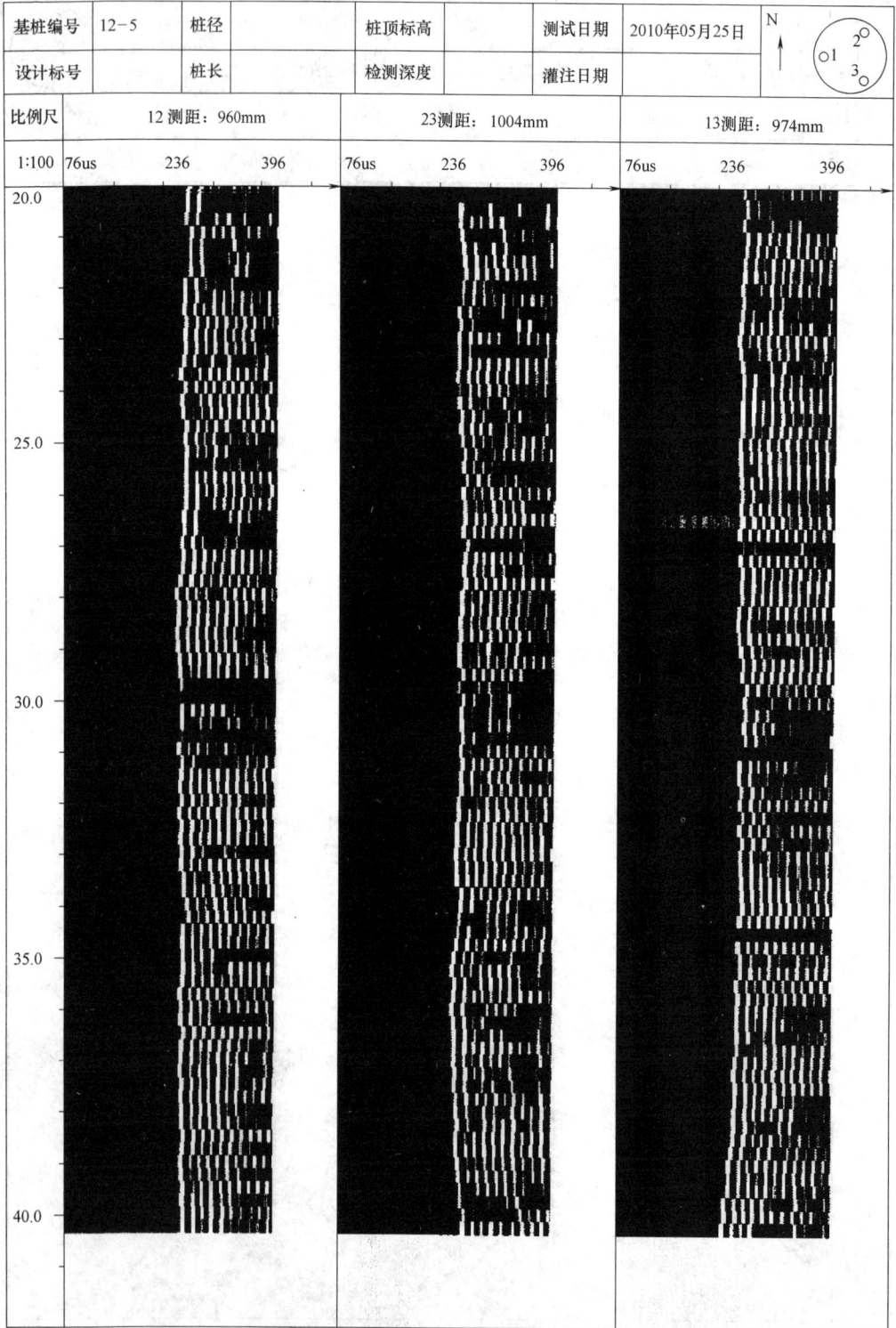

图 14-11　波列图（波列影像图二）

波列图 (波列影像图)

基桩编号	12-5	桩径		桩顶标高		测试日期	2010年05月25日 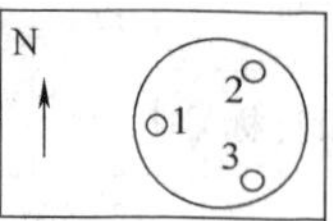
设计标号		桩长		检测深度		灌注日期	

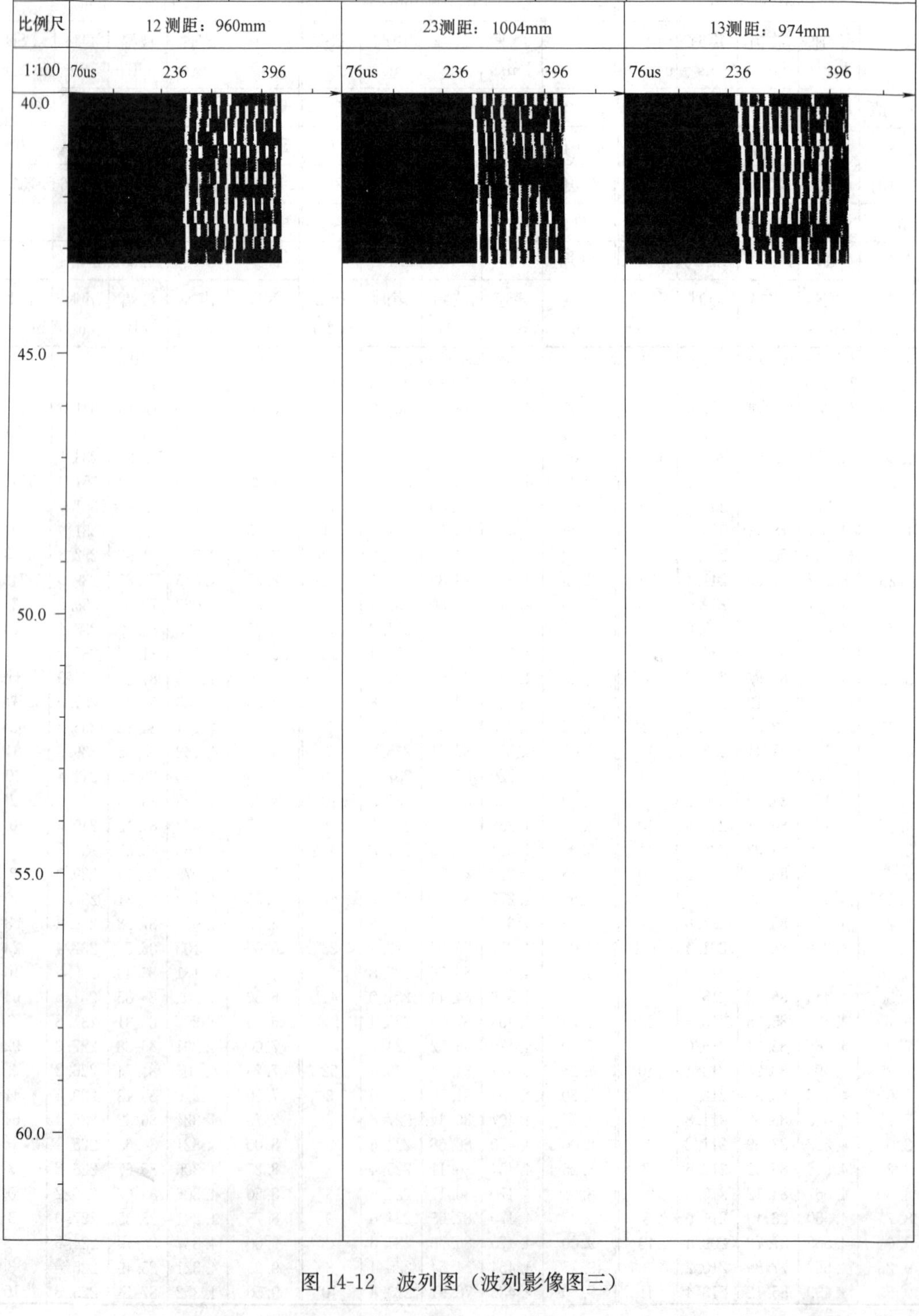

比例尺	12 测距：960mm	23测距：1004mm	13测距：974mm
1:100	76us 236 396	76us 236 396	76us 236 396

图 14-12　波列图（波列影像图三）

数据列表 表 14-7

基桩编号	12-5	桩径		桩顶标高		测试日期	2010 年 05 月 25 日	N
设计标号		桩长		检测深度		灌注日期		

12 测距:960mm				23 测距:1004mm				13 测距:974mm			
	声速 km/s	波幅 dB	声时 us	PSD us^2/m	声速 km/s	波幅 dB	声时 us	PSD us^2/m	声速 km/s	波幅 dB	声时 us	PSD us^2/m

	声速 km/s	波幅 dB	声时 us	PSD us^2/m		声速 km/s	波幅 dB	声时 us	PSD us^2/m		声速 km/s	波幅 dB	声时 us	PSD us^2/m
最大值	4.602	89.25	351.0	81111	最大值	4.670	90.35	305.4	25600	最大值	4.836	93.45	351.0	67185
最小值	2.735	0.00	208.6	0	最小值	3.287	59.83	215.0	0	最小值	2.775	0.00	201.4	0
平均值	4.253	82.66	225.9	1127	平均值	4.406	84.38	228.0	269	平均值	4.280	83.05	227.6	1531
标准差	0.131	12.19	6.8		标准值	0.116	4.61	6.0		标准差	0.175	12.30	8.7	
离差	3.1%	14.7%	3.0%		离差	2.6%	5.5%	2.7%		离差	4.1%	14.8%	3.8%	

深度 m	声速 km/s	波幅 dB	声时 us	PSD us^2/m	深度 m	声速 km/s	波幅 dB	声时 us	PSD us^2/m	深度 m	声速 km/s	波幅 dB	声时 us	PSD us^2/m
0.00	2.735 *	0.00 *	351.0	0	0.00	4.361	69.37 *	230.2	0	0.00	2.775 *	0.00 *	351.0	0
0.25	2.735 *	51.87 *	351.0	0	0.25	4.392	69.93 *	228.6	10	0.25	2.775 *	51.87 *	351.0	0
0.50	2.735 *	0.00 *	351.0	0	0.50	4.423	79.29	227.0	10	0.50	2.775 *	0.00 *	351.0	0
0.75	2.735 *	0.00 *	351.0	0	0.75	4.423	82.63	227.0	0	0.75	4.048	79.47	240.6	48753
1.00	4.071	74.79 *	235.8	53084	1.00	4.361	82.24	230.2	41	1.00	4.173	75.39 *	233.4	207
1.25	3.899 *	79.47	246.2	433	1.25	4.361	83.35	230.2	0	1.25	2.775 *	0.00 *	351.0	55319
1.50	3.837 *	76.48 *	250.2	64	1.50	4.346	82.50	231.0	3	1.50	2.775 *	51.87 *	351.0	0
1.75	4.071	78.31	235.8	829	1.75	4.407	85.85	227.8	41	1.75	2.775 *	51.87 *	351.0	0
2.00	3.765 *	76.97	255.0	1475	2.00	4.258	79.47	235.8	256	2.00	3.856	81.97	252.6	38730
2.25	3.977	77.89	241.4	740	2.25	4.316	83.80	232.6	41	2.25	4.075	77.89	239.0	740
2.50	4.017	82.50	239.0	23	2.50	4.316	83.80	232.6	0	2.50	4.062	79.83	239.8	3
2.75	4.017	85.12	239.0	0	2.75	4.331	87.72	231.8	3	2.75	4.173	83.69	233.4	164
3.00	4.057	84.54	236.6	23	3.00	4.302	85.49	233.4	10	3.00	4.131	81.97	235.8	23
3.25	4.030	81.97	238.2	10	3.25	4.331	86.68	231.8	10	3.25	4.075	81.97	239.0	41
3.50	3.887 *	81.12	247.0	310	3.50	4.258	82.87	235.8	64	3.50	3.880	85.31	251.0	576
3.75	4.142	82.50	231.8	924	3.75	4.258	86.44	235.8	0	3.75	4.131	84.12	235.8	924
4.00	4.113	81.41	233.4	10	4.00	4.272	87.21	235.0	3	4.00	4.062	85.85	239.8	64
4.25	4.170	84.54	230.2	41	4.25	4.229	86.52	237.4	23	4.25	4.035	85.85	241.4	10
4.50	4.170	84.33	230.2	10	4.50	4.258	84.64	235.8	10	4.50	4.048	85.49	240.6	3
4.75	4.142	86.83	231.8	10	4.75	4.258	84.33	235.8	0	4.75	4.048	84.12	240.6	3
5.00	4.199	84.33	228.6	41	5.00	4.331	85.12	231.8	64	5.00	4.062	85.85	239.8	3
5.25	4.170	86.19	230.2	10	5.25	4.272	85.58	235.0	41	5.25	4.075	87.14	239.0	3
5.50	4.214	86.52	227.8	23	5.50	4.272	85.58	235.0	0	5.50	4.103	85.31	237.4	10
5.75	4.214	83.91	227.8	0	5.75	4.331	85.94	231.8	41	5.75	4.062	87.58	239.8	23
6.00	4.336	88.77	221.4	164	6.00	4.377	85.94	229.4	23	6.00	4.103	86.83	237.4	23
6.25	4.384	85.49	219.0	23	6.25	4.407	86.76	227.8	10	6.25	4.131	85.49	235.8	10
6.50	4.449	86.52	215.8	41	6.50	4.346	84.44	231.0	41	6.50	4.202	85.85	231.8	64
6.75	4.499	85.85	213.4	23	6.75	4.454	87.86	225.4	125	6.75	4.202	85.31	231.8	0
7.00	4.465	85.31	215.0	10	7.00	4.470	86.52	224.6	3	7.00	4.291	86.68	227.0	92
7.25	4.499	88.26	213.4	10	7.25	4.377	84.84	229.4	92	7.25	4.306	84.74	226.2	3
7.50	4.516	85.85	212.6	3	7.50	4.392	81.70	228.6	3	7.50	4.246	85.12	229.4	41
7.75	4.533	88.52	211.8	3	7.75	4.407	86.44	227.8	3	7.75	4.321	86.52	225.4	64
8.00	4.533	83.69	211.8	0	8.00	4.470	86.68	224.6	41	8.00	4.321	86.68	225.4	0
8.25	4.516	86.99	212.6	3	8.25	4.454	86.11	225.4	3	8.25	4.306	85.67	226.2	3
8.50	4.567	84.12	210.2	23	8.50	4.470	86.11	224.6	3	8.50	4.306	85.67	226.2	0
8.75	4.550	86.19	211.0	3	8.75	4.470	87.65	224.6	0	8.75	4.291	85.85	227.0	3
9.00	4.585	87.72	209.4	10	9.00	4.470	86.76	224.6	0	9.00	4.337	86.19	224.6	23
9.25	1.567	77.80	210.2	3	9.25	4.454	84.54	225.4	3	9.25	4.321	85.49	225.4	3
9.50	4.499	85.12	213.4	41	9.50	4.486	78.91	223.8	10	9.50	4.352	87.14	223.8	10

126

数据列表　　　　　　　　　　　　　　　　表 14-8

基桩编号	12-5	桩径		桩顶标高		测试日期	2010 年 05 月 25 日
设计标号		桩长		检测深度		灌注日期	

12 测距:960mm					23 测距:1004mm					13 测距:974mm				
深度 m	声速 km/s	波幅 dB	声时 us	PSD us^2/m	深度 m	声速 km/s	波幅 dB	声时 us	PSD us^2/m	深度 m	声速 km/s	波幅 dB	声时 us	PSD us^2/m
9.75	4.449	86.83	215.8	23	9.75	4.316	87.29	232.6	310	9.75	4.352	84.54	223.8	0
10.00	4.352	82.24	220.6	92	10.00	4.331	86.02	231.8	3	10.00	4.352	87.43	223.8	0
10.25	4.416	84.93	217.4	41	10.25	4.346	86.68	231.0	3	10.25	4.276	86.19	227.8	64
10.50	4.352	84.33	220.6	41	10.50	4.361	83.69	230.2	3	10.50	4.187	84.93	232.6	92
10.75	4.432	87.72	216.6	64	10.75	4.361	87.58	230.2	0	10.75	4.145	85.67	235.0	23
11.00	4.320	81.41	222.2	125	11.00	4.407	87.86	227.8	23	11.00	4.187	86.52	232.6	23
11.25	4.320	84.74	222.2	0	11.25	4.454	87.14	225.4	23	11.25	4.202	84.74	231.8	3
11.50	4.368	80.50	219.8	23	11.50	4.423	85.94	227.0	10	11.50	4.187	85.85	232.6	3
11.75	4.449	83.23	215.8	64	11.75	4.407	86.76	227.8	3	11.75	4.202	82.50	231.8	3
12.00	4.516	81.70	212.6	41	12.00	4.377	83.91	229.4	10	12.00	4.202	85.31	231.8	0
12.25	4.602	82.50	208.6	64	12.25	4.439	86.83	226.2	41	12.25	4.321	85.31	225.4	164
12.50	4.602	83.46	208.6	0	12.50	4.502	81.27	223.0	41	12.50	4.337	86.02	224.6	3
12.75	2.735 *	51.87 *	351.0	81111	12.75	4.454	75.95 *	225.4	23	12.75	4.399	85.85	221.4	41
13.00	2.735 *	51.87 *	351.0	0	13.00	3.287 *	62.75 *	305.4	25600	13.00	2.775 *	63.91 *	351.0	67185
13.25	3.977	77.89	241.4	48049	13.25	3.738 *	69.37 *	268.6	5417	13.25	3.943 *	70.95 *	247.0	43264
13.50	3.912 *	75.39 *	245.4	64	13.50	3.817 *	63.91 *	263.0	125	13.50	4.075	81.12	239.0	256
13.75	4.099	76.97	234.2	502	13.75	3.672 *	59.83 *	273.4	433	13.75	4.035	83.46	241.4	23
14.00	4.259	84.93	225.4	310	14.00	4.287	73.08 *	234.2	6147	14.00	4.048	86.99	240.6	3
14.25	4.320	85.12	222.2	41	14.25	3.937 *	67.43 *	255.0	1731	14.25	4.062	84.74	239.8	3
14.50	4.199	85.31	228.6	164	14.50	3.937 *	81.97	255.0	0	14.50	4.117	82.50	236.6	41
14.75	4.185	84.33	229.4	3	14.75	4.215	80.81	238.2	1129	14.75	4.187	83.00	232.6	64
15.00	4.156	83.00	231.0	10	15.00	4.272	79.65	235.0	41	15.00	4.103	87.43	237.4	92
15.25	4.057	81.97	236.6	125	15.25	4.331	83.35	231.8	41	15.25	4.117	87.14	236.6	3
15.50	4.085	75.95 *	235.0	10	15.50	4.377	85.49	229.4	23	15.50	4.145	87.14	235.0	10
15.75	4.170	85.67	230.2	92	15.75	4.423	85.40	227.0	23	15.75	4.216	86.19	231.8	64
16.00	4.229	82.24	227.0	41	16.00	4.470	85.31	224.6	23	16.00	4.246	85.85	229.4	10
16.25	4.156	81.12	231.0	64	16.25	4.584	85.22	219.0	125	16.25	4.131	83.00	235.8	164
16.50	4.185	84.12	229.4	10	16.50	4.535	86.68	221.4	23	16.50	4.159	82.24	234.2	10
16.75	4.259	84.12	225.4	64	16.75	4.584	85.12	219.0	23	16.75	4.202	85.31	231.8	23
17.00	4.259	85.85	225.4	0	17.00	4.502	86.27	223.0	64	17.00	4.216	87.10	231.0	3
17.25	4.259	85.31	225.4	0	17.25	4.601	87.36	218.2	92	17.25	4.276	81.41	227.8	41
17.50	4.274	75.39 *	224.6	3	17.50	4.584	86.91	219.0	3	17.50	4.368	85.49	223.0	92
17.75	4.368	87.43	219.8	92	17.75	4.670	81.27	215.0	64	17.75	4.337	77.89	224.5	10
18.00	4.305	87.58	223.0	41	18.00	4.601	85.58	218.2	41	18.00	4.291	75.97 *	227.0	23
18.25	4.214	83.91	227.8	92	18.25	4.652	84.93	215.8	23	18.25	4.383	86.35	222.2	92
18.50	4.290	86.52	223.8	64	18.50	4.584	85.40	219.0	41	18.50	4.291	83.69	227.0	92
18.75	4.185	86.52	229.4	125	18.75	4.551	85.22	220.6	10	18.75	4.368	86.02	223.0	64
19.00	4.199	88.26	228.6	3	19.00	4.551	87.43	220.6	0	19.00	4.231	82.75	230.2	207
19.25	4.199	83.46	228.6	0	19.25	4.551	86.44	220.6	0	19.25	4.276	87.43	227.8	23
19.50	4.274	88.52	224.6	64	19.50	4.535	87.14	221.4	3	19.50	4.173	84.74	233.4	125
19.75	4.170	86.83	230.2	125	19.75	4.502	87.14	223.0	10	19.75	4.246	85.31	229.4	64
20.00	4.142	87.86	231.8	10	20.00	4.551	85.03	220.6	23	20.00	4.202	80.50	231.8	23
20.25	4.185	83.69	229.4	23	20.25	4.535	87.29	221.4	3	20.25	4.159	80.50	234.2	23
20.50	4.229	86.83	227.0	23	20.50	4.502	86.35	223.0	10	20.50	4.276	86.19	227.8	164
20.75	4.071	86.02	235.8	310	20.75	4.470	85.31	224.6	10	20.75	4.131	84.93	235.8	256
21.00	4.127	85.12	232.6	41	21.00	4.439	87.14	226.2	10	21.00	4.173	87.58	233.4	23
21.25	4.113	83.23	233.4	3	21.25	4.346	87.99	231.0	92	21.25	4.261	86.02	228.6	92
21.50	4.113	84.74	233.4	0	21.50	4.331	87.58	231.8	3	21.50	4.231	86.99	230.2	10
21.75	4.274	85.31	224.6	310	21.75	4.423	86.68	227.0	92	21.75	4.321	84.74	225.4	92
22.00	4.244	84.74	226.2	10	22.00	4.439	80.17	226.2	3	22.00	4.246	83.69	229.4	64
22.25	4.274	87.72	224.6	10	22.25	4.502	88.26	223.0	41	22.25	4.306	86.52	226.2	41
22.50	4.199	87.14	228.6	64	22.50	4.486	84.12	223.8	3	22.50	4.306	88.13	226.2	0
22.75	4.229	86.52	227.0	10	22.75	4.535	86.99	221.4	23	22.75	4.337	87.99	224.6	10

127

基桩编号	12-5	桩径		桩顶标高		测试日期	2010 年 05 月 25 日
设计标号		桩长		检测深度		灌注日期	

12 测距:960mm					23 测距:1004mm					13 测距:974mm				
深度	声速	波幅	声时	PSD	深度	声速	波幅	声时	PSD	深度	声速	波幅	声时	PSD
m	km/s	dB	us	us^2/m	m	km/s	dB	us	us^2/m	m	km/s	dB	us	us^2/m
23.00	4.229	86.99	227.0	0	23.00	4.568	85.31	219.8	10	23.00	4.352	84.74	223.8	3
23.25	4.274	88.26	224.6	23	23.25	4.518	85.49	222.2	23	23.25	4.291	83.69	227.0	41
23.50	4.384	88.26	219.0	125	23.50	4.551	85.85	220.6	10	23.50	4.306	87.72	226.2	3
23.75	4.229	85.85	227.0	256	23.75	4.518	75.95 *	222.2	10	23.75	4.447	84.54	219.0	207
24.00	4.352	86.83	220.6	164	24.00	4.502	85.85	223.0	3	24.00	4.246	86.35	229.4	433
24.25	4.290	86.02	223.8	41	24.25	4.407	85.67	227.8	92	24.25	4.261	88.26	228.6	3
24.50	4.185	86.35	229.4	125	24.50	4.407	88.77	227.8	0	24.50	4.291	86.19	227.0	10
24.75	4.214	88.13	227.8	10	24.75	4.361	87.29	230.2	23	24.75	4.321	87.72	225.4	10
25.00	4.185	86.02	229.4	10	25.00	4.287	82.24	234.2	64	25.00	4.337	87.86	224.6	3
25.25	4.185	86.02	229.4	0	25.25	4.331	86.35	231.8	23	25.25	4.306	86.83	226.2	10
25.50	4.199	86.99	228.6	3	25.50	4.272	81.97	235.0	41	25.50	4.321	87.99	225.4	3
25.75	4.185	87.72	229.4	3	25.75	4.377	89.14	229.4	125	25.75	4.231	87.14	230.2	92
26.00	4.185	85.49	229.4	0	26.00	4.331	86.02	231.8	23	26.00	4.321	89.37	225.4	92
26.25	4.244	87.14	226.2	41	26.25	4.316	87.72	232.6	3	26.25	4.048	93.45	240.6	924
26.50	4.199	82.75	228.6	23	26.50	4.331	88.26	231.8	3	26.50	4.337	89.25	224.6	1024
26.75	4.290	86.35	223.8	92	26.75	4.258	86.02	235.8	64	26.75	4.231	80.50	230.2	125
27.00	4.214	85.49	227.8	64	27.00	4.302	89.49	233.4	23	27.00	4.291	90.56	227.0	41
27.25	4.259	86.68	225.4	23	27.25	4.346	87.29	231.0	23	27.25	4.231	85.49	230.2	41
27.50	4.320	87.14	222.2	41	27.50	4.287	89.60	234.2	41	27.50	4.246	88.52	229.4	3
27.75	4.449	88.39	215.8	164	27.75	4.439	90.35	226.2	256	27.75	4.246	84.54	229.4	0
28.00	4.352	85.12	220.6	92	28.00	4.392	88.26	228.6	23	28.00	4.321	84.93	225.4	64
28.25	4.384	86.68	219.0	10	28.25	4.423	87.43	227.0	10	28.25	4.368	85.31	223.0	23
28.50	4.432	85.99	216.6	23	28.50	4.423	86.52	227.0	0	28.50	4.306	83.69	226.2	41
28.75	4.400	89.02	218.2	10	28.75	4.470	86.83	224.6	23	28.75	4.231	86.99	230.2	64
29.00	4.336	86.68	221.4	41	29.00	4.470	86.02	224.6	0	29.00	4.246	85.12	229.4	3
29.25	4.336	86.35	221.4	0	29.25	4.377	83.46	229.4	92	29.25	4.202	89.60	231.8	23
29.50	4.320	82.75	222.2	3	29.50	4.568	85.12	219.8	369	29.50	4.048	86.99	240.6	310
29.75	4.274	74.79 *	224.6	23	29.75	4.316	83.23	232.6	655	29.75	4.173	87.14	233.4	207
30.00	4.274	86.52	224.6	0	30.00	4.392	85.49	228.6	64	30.00	4.075	81.41	239.0	125
30.25	4.244	83.46	226.2	10	30.25	4.346	84.33	231.0	23	30.25	4.173	87.29	233.4	125
30.50	4.305	80.81	223.0	41	30.50	4.377	85.31	229.4	10	30.50	4.231	83.46	230.2	41
30.75	4.368	85.85	219.8	41	30.75	4.392	84.33	228.6	3	30.75	4.276	80.50	227.8	23
31.00	4.229	81.12	227.0	207	31.00	4.346	87.14	231.0	23	31.00	4.291	86.02	227.0	3
31.25	4.274	86.83	224.6	23	31.25	4.361	85.12	230.2	3	31.25	4.261	86.35	228.6	10 *
31.50	4.290	87.58	223.8	3	31.50	4.377	86.99	229.4	3	31.50	4.246	85.49	229.4	3
31.75	4.290	83.69	223.8	0	31.75	4.470	83.46	224.6	92	31.75	4.276	85.49	227.8	10
32.00	4.320	87.99	222.2	10	32.00	4.423	86.52	227.0	23	32.00	4.216	81.97	231.0	41
32.25	4.259	84.93	225.4	41	32.25	4.470	87.29	224.6	23	32.25	4.291	87.58	227.0	64
32.50	4.290	87.58	223.8	10	32.50	4.486	86.99	223.8	3	32.50	4.202	85.12	231.8	92
32.75	4.229	85.12	227.0	41	32.75	4.535	87.72	221.4	23	32.75	4.261	86.52	228.6	41
33.00	4.274	87.14	224.6	23	33.00	4.502	86.02	223.0	10	33.00	4.216	86.52	231.0	23
33.25	4.142	85.31	231.8	207	33.25	4.470	86.83	224.6	10	33.25	4.231	87.29	230.2	3
33.50	4.185	86.52	229.4	23	33.50	4.331	84.93	231.8	207	33.50	4.202	86.52	231.8	10
33.75	4.099	86.99	234.2	92	33.75	4.361	84.33	230.2	10	33.75	4.173	87.58	233.4	10
34.00	4.044	87.43	237.4	41	34.00	4.423	79.47	227.0	41	34.00	4.276	90.86	227.8	125
34.25	4.214	86.52	227.8	369	34.25	4.439	81.12	226.2	3	34.25	4.352	77.89	223.8	64
34.50	4.214	88.52	227.8	0	34.50	4.486	86.19	223.8	23	34.50	4.306	88.52	226.2	23
34.75	4.185	86.83	229.4	10	34.75	4.601	87.29	218.2	125	34.75	4.246	85.12	229.4	41
35.00	4.156	87.14	231.0	10	35.00	4.635	87.29	216.6	10	35.00	4.246	85.31	229.4	0
35.25	4.127	82.24	232.6	10	35.25	4.618	87.14	217.4	3	35.25	4.337	86.35	224.6	92
35.50	4.244	88.26	223.8	310	35.50	4.568	86.83	219.8	23	35.50	4.276	84.74	227.8	41
35.75	4.244	85.67	226.2	23	35.75	4.618	87.99	217.4	23	35.75	4.321	87.58	225.4	23
36.00	4.259	87.58	225.4	3	36.00	4.568	85.12	219.8	23	36.00	4.321	84.93	225.4	0

基桩编号	12-5	桩径		桩顶标高		测试日期	2010 年 05 月 25 日
设计标号		桩长		检测深度		灌注日期	

12 测距:960mm				23 测距:1004mm				13 测距:974mm			
深度 m	声速 km/s	波幅 dB	声时 us	PSD us^2/m	深度 m	声速 km/s	波幅 dB	声时 us	PSD us^2/m	深度 m	声速 km/s	波幅 dB	声时 us	PSD us^2/m

深度 m	声速 km/s	波幅 dB	声时 us	PSD us^2/m	深度 m	声速 km/s	波幅 dB	声时 us	PSD us^2/m	深度 m	声速 km/s	波幅 dB	声时 us	PSD us^2/m
36.25	4.142	85.49	231.8	164	36.25	4.535	87.43	221.4	10	36.25	4.321	86.35	225.4	0
36.50	4.214	89.25	227.8	64	36.50	4.518	84.93	222.2	3	36.50	4.352	84.12	223.8	10
36.75	4.214	85.85	227.8	0	36.75	4.551	85.12	220.6	10	36.75	4.368	85.31	223.0	3
37.00	4.229	81.70	227.0	3	37.00	4.502	86.35	223.0	23	37.00	4.383	87.29	222.2	3
37.25	4.199	85.85	228.6	10	37.25	4.535	83.23	221.4	10	37.25	4.368	86.68	223.0	3
37.50	4.229	85.49	227.0	10	37.50	4.439	80.17	226.2	92	37.50	4.368	86.19	223.0	0
37.75	4.185	84.93	229.4	23	37.75	4.470	85.31	224.6	10	37.75	4.352	82.50	223.8	3
38.00	4.214	85.85	227.8	10	38.00	4.439	85.49	226.2	10	38.00	4.399	83.46	221.4	23
38.25	4.127	85.85	232.6	92	38.25	4.486	86.02	223.8	23	38.25	4.415	83.91	220.6	3
38.50	4.156	84.93	231.0	10	38.50	4.486	85.31	223.8	0	38.50	4.497	85.31	216.6	64
38.75	4.229	86.35	227.0	64	38.75	4.407	85.12	227.8	64	38.75	4.581	85.85	212.6	64
39.00	4.214	86.35	227.8	3	39.00	4.377	80.50	229.4	10	39.00	4.547	79.83	214.2	10
39.25	4.156	83.23	231.0	41	39.25	4.316	81.12	232.6	41	39.25	4.599	85.85	211.8	23
39.50	4.170	84.93	230.2	3	39.50	4.316	83.23	232.6	0	39.50	4.705	87.58	207.0	92
39.75	4.127	85.31	232.6	23	39.75	4.243	82.24	236.6	64	39.75	4.705	87.29	207.0	0
40.00	4.142	84.74	231.8	3	40.00	4.243	86.83	236.6	0	40.00	4.836	87.72	201.4	125
40.25	4.127	83.69	232.6	3	40.25	4.302	84.54	233.4	41	40.25	4.705	84.33	207.0	125
40.50	4.185	83.91	229.4	41	40.50	4.243	85.31	236.6	41	40.50	4.724	85.67	206.2	3
40.75	4.199	85.31	228.6	3	40.75	4.229	86.02	237.4	3	40.75	4.687	86.19	207.8	10
41.00	4.156	84.54	231.0	23	41.00	4.215	86.35	238.2	3	41.00	4.616	85.49	211.0	41
41.25	4.244	81.97	226.2	92	41.25	4.229	85.12	237.4	3	41.25	4.599	84.74	211.8	3
41.50	4.142	81.41	231.8	125	41.50	4.215	84.12	238.2	3	41.50	4.669	83.23	208.6	41
41.75	4.199	84.74	228.6	41	41.75	4.159	81.97	241.4	41	41.75	4.669	84.54	208.6	0
42.00	4.185	84.33	229.4	3	42.00	4.145	83.00	242.2	3	42.00	4.705	84.33	207.0	10
42.25	4.259	85.31	225.4	64	42.25	4.132	84.12	243.0	3	42.25	4.761	86.35	204.6	23
42.50	4.185	86.02	229.4	64	42.50	4.132	85.12	243.0	0	42.50	4.742	87.72	205.4	3
42.75	4.199	83.00	228.6	3	42.75	4.173	84.74	240.6	23	42.75	4.669	86.02	208.6	41
43.00	4.229	83.00	227.0	10	43.00	4.132	83.69	243.0	23	43.00	4.616	84.74	211.0	23

工地：YJ0426　　桩号：32-3　　桩径：1200mm　　强度等级：C30　　波速：4098m/s　　日期：2011-4-26

mV 73.7

0.00　　　　18.85　　　　37.70　　　　56.56　　　　75.41　　L(m)
46.00m

工地：YJ0426　　桩号：32-3　　桩径：1200mm　　强度等级：C30　　波速：4132m/s　　日期：2011-4-26

mV 72.1

0.00　　　　19.01　　　　38.02　　　　57.02　　　　76.03　　L(m)
46.00mm

工地：YJ0426　　桩号：32-3　　桩径：1200mm　　强度等级：C30　　波速：4115m/s　　日期：2011-4-26

mV 111.8

0.00　　　　18.93　　　　37.86　　　　56.79　　　　75.72　　L(m)
46.00m

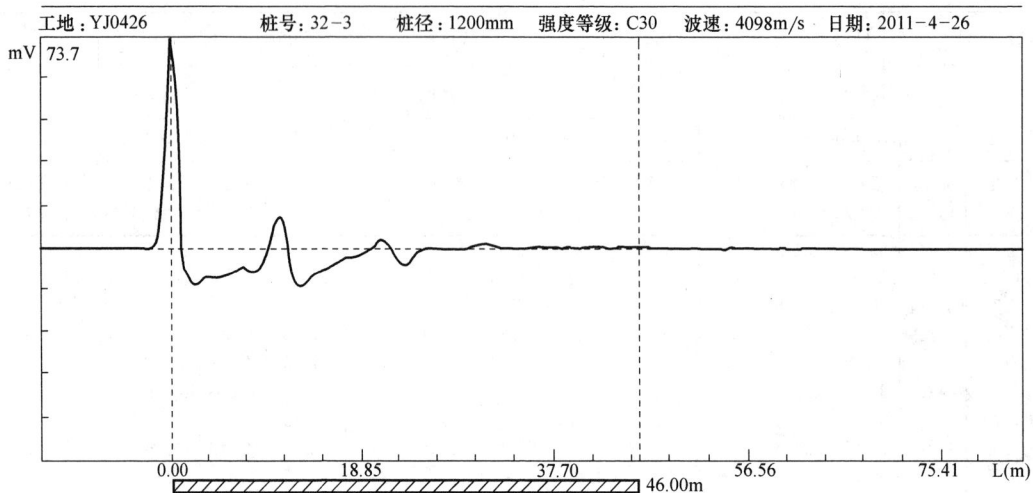

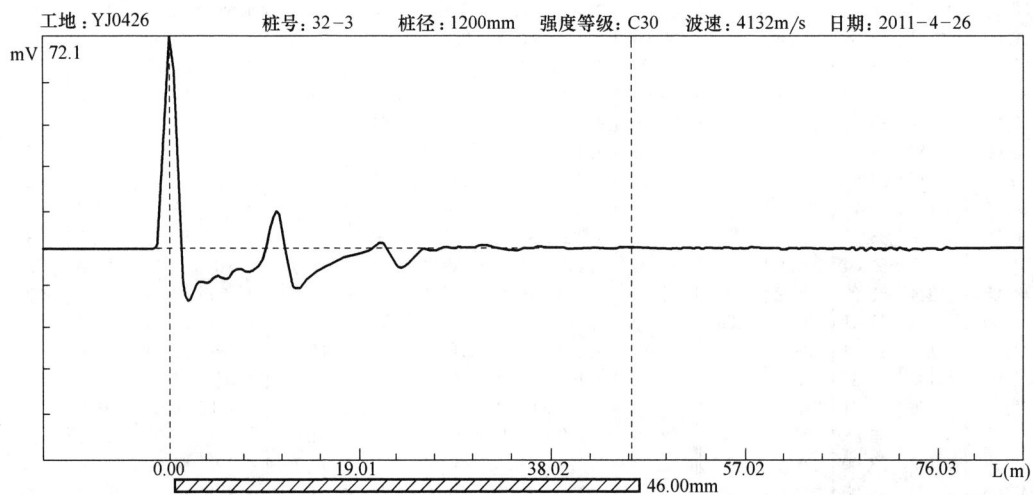

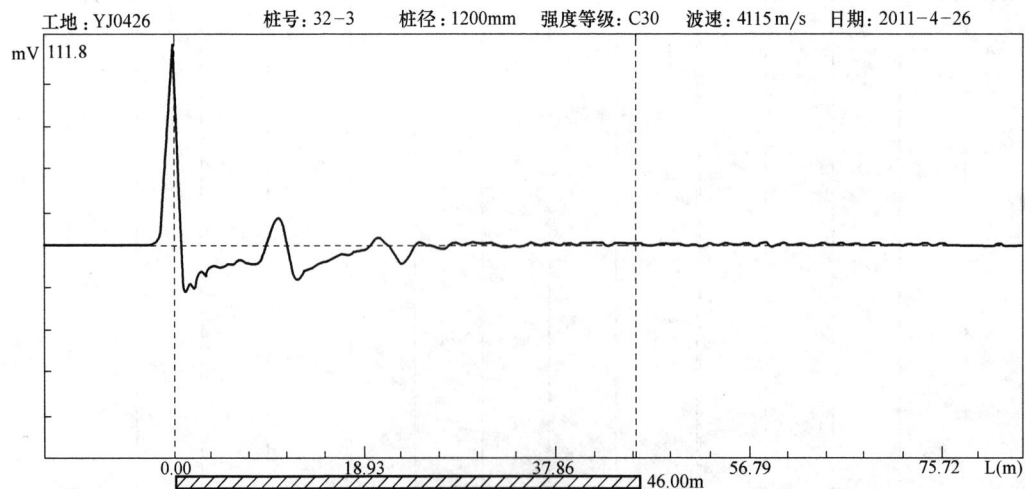

图 14-13　低应变桩基完整性检测附图

曲线图

基桩编号	32-3	桩径		桩顶标高		测试日期	2011年05月01日	
设计标号		桩长		检测深度		灌注日期		

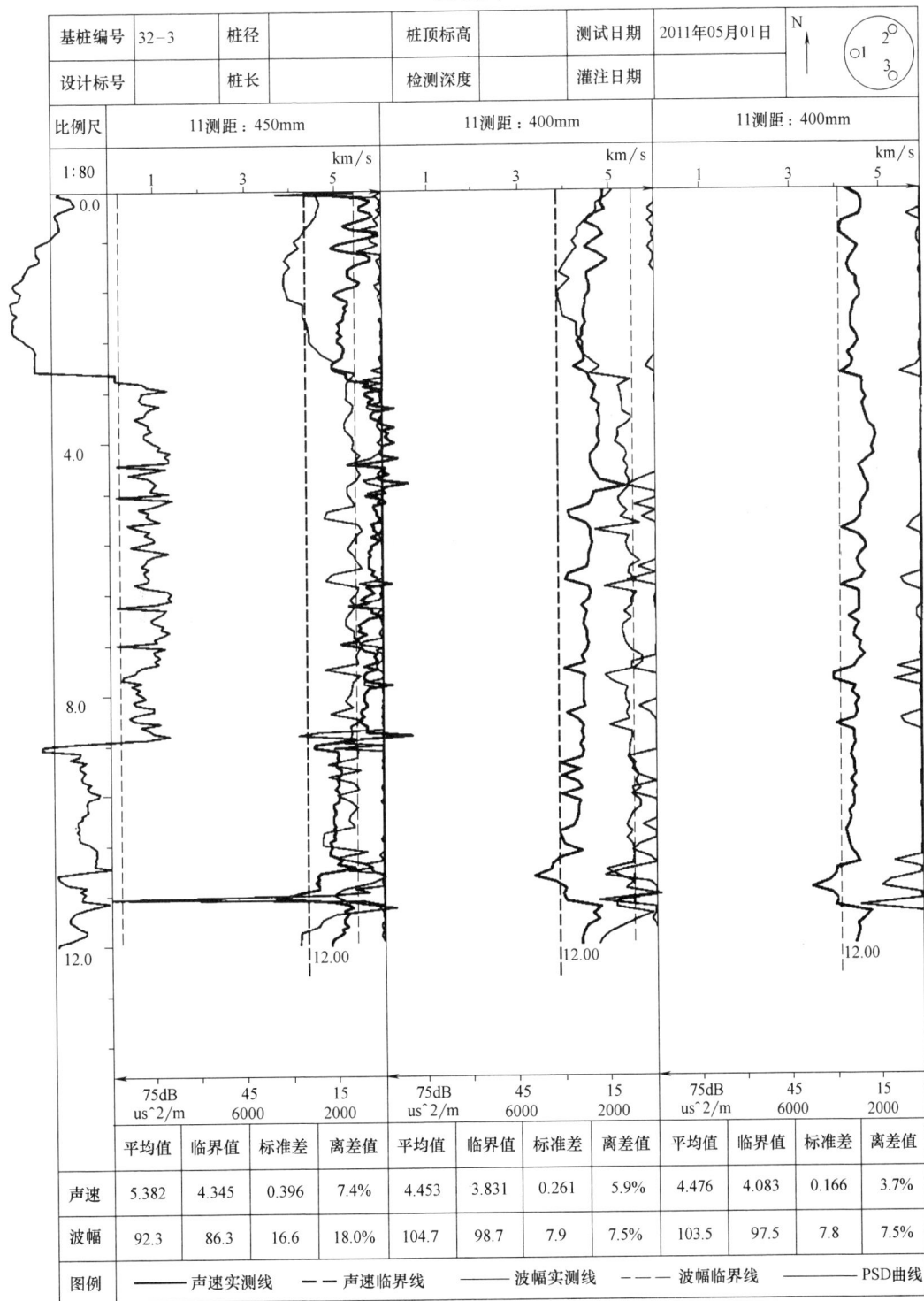

| 比例尺 | 11测距：450mm | | 11测距：400mm | | 11测距：400mm | |

1:80

	平均值	临界值	标准差	离差值	平均值	临界值	标准差	离差值	平均值	临界值	标准差	离差值
声速	5.382	4.345	0.396	7.4%	4.453	3.831	0.261	5.9%	4.476	4.083	0.166	3.7%
波幅	92.3	86.3	16.6	18.0%	104.7	98.7	7.9	7.5%	103.5	97.5	7.8	7.5%
图例	——声速实测线	- - 声速临界线	——波幅实测线	- - - 波幅临界线	——PSD曲线							

图 14-14　曲线图

波列图 (波列影像图)

基桩编号	32−3	桩径		桩顶标高		测试日期	2011年05月01日
设计标号		桩长		检测深度		灌注日期	

比例尺	11测距： 450mm			11测距： 400mm			11测距： 400mm		
1:100	102us	262	422	38us	198	358	38us	198	358

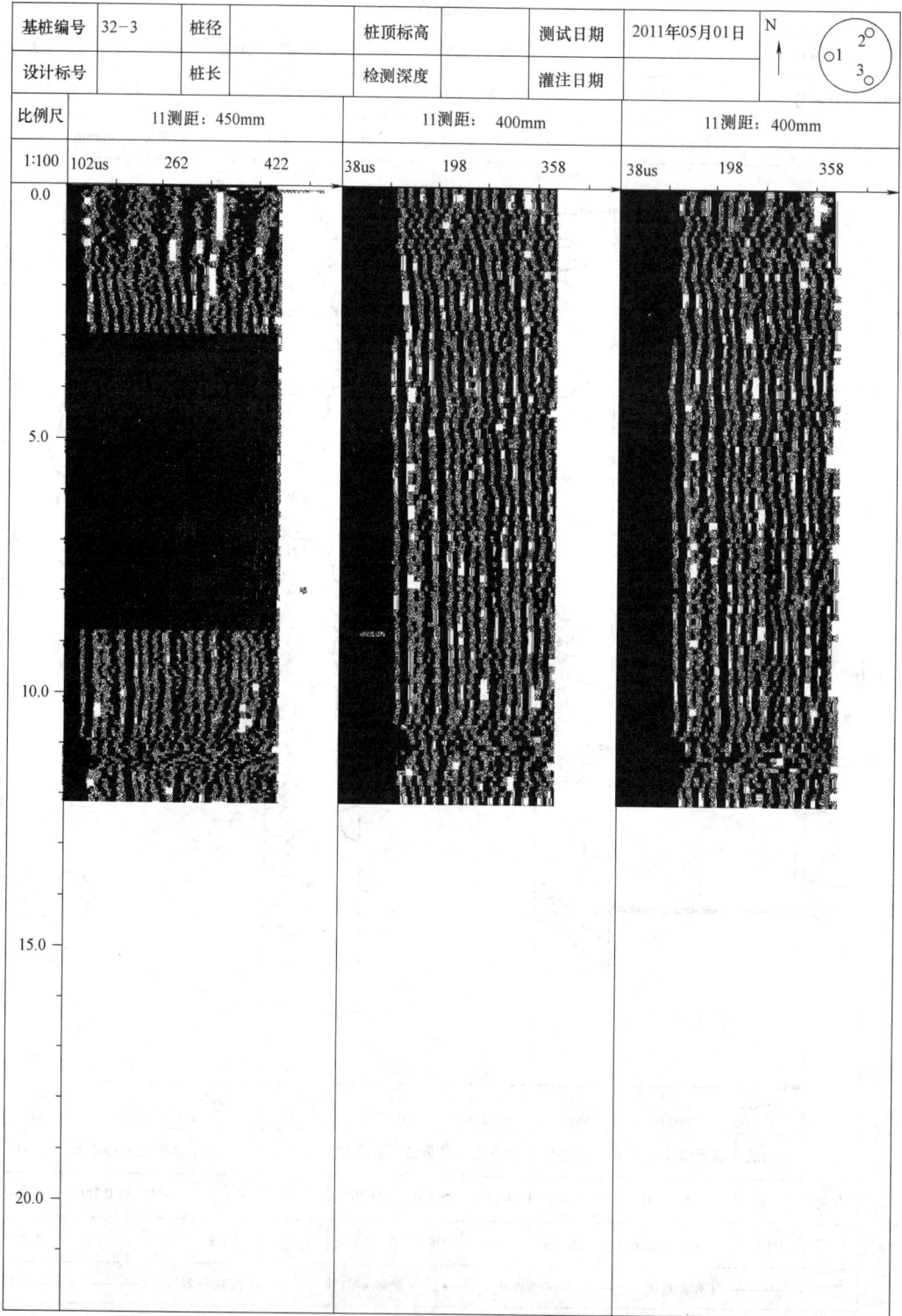

图 14-15 波列图（波列影像图一）

132

基桩编号	32-3	桩径		桩顶标高		测试日期	2011 年 05 月 01 日
设计标号		桩长		检测深度		灌注日期	

N: ①、②、③ (图示 01)

11 测距:450mm				11 测距:400mm				11 测距:400mm			
	声速 km/s	波幅 dB	声时 us	PSD us^2/m	声速 km/s	波幅 dB	声时 us	PSD us^2/m	声速 km/s	波幅 dB	声时 us	PSD us^2/m

	声速 km/s	波幅 dB	声时 us	PSD us^2/m		声速 km/s	波幅 dB	声时 us	PSD us^2/m		声速 km/s	波幅 dB	声时 us	PSD us^2/m
最大值	6.637	122.63	123.0	18483	最大值	5.333	121.84	120.6	2560	最大值	4.914	121.84	115.8	2822
最小值	3.659	68.77	67.8	0	最小值	3.317	85.85	75.0	0	最小值	3.454	88.77	81.4	0
平均值	5.382	92.34	84.5	306	平均值	4.453	104.67	88.5	235	平均值	4.476	103.48	89.3	163
标准差	0.396	16.59	6.0		标准值	0.261	7.87	3.6		标准差	0.166	7.76	3.2	
离差	7.4%	18.0%	7.1%		离差	5.9%	7.5%	4.0%		离差	3.7%	7.5%	3.5%	

深度 m	声速 km/s	波幅 dB	声时 us	PSD us^2/m	深度 m	声速 km/s	波幅 dB	声时 us	PSD us^2/m	深度 m	声速 km/s	波幅 dB	声时 us	PSD us^2/m
0.00	4.620	106.06	97.4	0	0.00	4.866	111.87	82.2	0	0.00	4.283	103.91	93.4	0
0.05	4.658	107.06	96.6	13	0.10	4.866	111.19	82.2	0	0.10	4.556	105.85	87.8	314
0.10	5.528	102.43	81.4	4621	0.20	4.819	110.20	83.0	6	0.20	4.598	109.37	87.0	6
0.15	5.754	102.11	78.2	205	0.30	4.914	111.19	81.4	26	0.30	4.598	109.08	87.0	0
0.20	5.696	101.04	79.0	13	0.40	4.598	111.42	87.0	314	0.40	4.556	109.93	87.8	6
0.25	5.528	102.75	81.4	115	0.50	4.474	113.08	89.4	58	0.50	4.175	113.45	95.8	640
0.30	5.528	106.06	81.4	0	0.60	4.773	115.10	83.8	314	0.60	4.107	115.39	97.4	26
0.35	5.754	107.79	78.2	205	0.70	4.866	116.09	82.2	26	0.70	4.141	115.25	96.6	6
0.40	5.814	107.61	77.4	13	0.80	4.640	118.52	86.2	160	0.80	4.320	117.09	92.6	160
0.45	5.639	106.87	79.8	115	0.90	4.474	117.09	89.4	102	0.90	4.515	115.68	88.6	160
0.50	5.370	106.68	83.8	320	1.00	4.773	120.08	83.8	314	1.00	4.435	117.33	90.2	26
0.55	5.172	106.27	87.0	205	1.10	4.963	121.77	80.6	102	1.10	4.320	118.91	92.6	58
0.60	5.319	106.27	84.6	115	1.20	4.773	119.83	83.8	102	1.20	4.283	120.08	93.4	6
0.65	5.754	107.79	78.2	819	1.30	4.515	121.70	88.6	230	1.30	4.320	121.41	92.6	6
0.70	5.937	108.77	75.8	115	1.40	4.515	121.84	88.6	0	1.40	4.474	117.89	89.4	102
0.75	5.639	109.37	79.8	320	1.50	4.556	121.84	87.8	6	1.50	4.474	120.00	89.4	6
0.80	5.319	112.08	84.6	461	1.60	4.556	121.27	87.8	0	1.60	4.556	121.84	87.8	26
0.85	5.034	113.98	89.4	461	1.70	4.474	120.58	89.4	26	1.70	4.556	121.70	87.8	0
0.90	4.902	113.98	91.8	115	1.80	4.474	115.81	89.4	0	1.80	4.435	121.12	90.2	58
0.95	5.172	113.98	87.0	461	1.90	4.435	115.81	90.2	6	1.90	4.396	120.66	91.0	6
1.00	5.639	113.81	79.8	1037	2.00	4.435	115.81	90.2	6	2.00	4.357	120.08	91.8	6
1.05	5.754	112.89	78.2	51	2.10	4.474	114.71	89.4	6	2.10	4.357	115.81	91.8	0
1.10	5.754	113.27	78.2	0	2.20	4.396	114.23	91.0	26	2.20	4.357	115.81	91.8	0
1.15	5.528	115.95	81.4	205	2.30	4.396	113.63	91.0	0	2.30	4.474	115.75	89.4	58
1.20	5.370	116.85	83.8	115	2.40	4.283	113.81	93.4	58	2.40	4.515	113.88	88.6	6
1.25	5.269	117.44	85.4	51	2.50	4.357	111.65	91.8	26	2.50	4.435	113.88	90.2	26
1.3o	5.269	118.21	85.4	0	2.60	4.435	109.79	90.2	26	2.60	4.283	113.67	93.4	102
1.35	5.269	118.42	85.4	0	2.70	4.435	105.85	90.2	0	2.70	4.396	110.95	91.0	58
1.40	5.370	119.56	83.8	51	2.80	4.211	106.48	95.0	230	2.80	4.357	108.13	91.8	6
1.45	5.528	121.41	81.4	115	2.90	4.515	98.42 *	88.6	410	2.90	4.141	111.42	96.6	230
1.50	5.474	121.77	82.2	13	3.00	4.556	101.04	87.8	6	3.00	4.598	98.31	87.0	922
1.55	5.220	120.73	86.2	320	3.10	4.684	101.77	85.4	58	3.10	4.598	102.24	87.0	0
1.60	5.034	119.10	89.4	205	3.20	4.640	101.41	86.2	6	3.20	4.598	101.41	87.0	0
1.65	4.945	119.47	91.0	51	3.30	4.598	101.77	87.0	6	3.30	4.684	101.12	85.4	26
1.70	5.079	119.83	88.6	115	3.40	4.773	99.38	83.8	102	3.40	4.598	100.81	87.0	26
1.75	5.269	122.63	85.4	205	3.50	4.728	99.83	84.6	6	3.50	4.640	100.81	86.2	6
1.80	5.269	122.37	85.4	0	3.60	4.773	101.41	83.8	6	3.60	4.684	97.44 *	85.4	6
1.85	5.172	122.37	87.0	51	3.70	4.773	102.43	83.8	0	3.70	4.728	99.47	84.6	6
1.90	5.220	121.97	86.2	13	3.80	4.728	102.11	84.6	6	3.80	4.866	102.50	82.2	58

数据列表　　　　　　　　　　　　　　　　表 14-12

基桩编号	32-3	桩径		桩顶标高		测试日期	2011 年 05 月 11 日
设计标号		桩长		检测深度		灌注日期	

11 测距:450mm					11 测距:400mm					11 测距:400mm				
深度 m	声速 km/s	波幅 dB	声时 us	PSD us^2/m	深度 m	声速 km/s	波幅 dB	声时 us	PSD us^2/m	深度 m	声速 km/s	波幅 dB	声时 us	PSD us^2/m
1.95	5.172	120.33	87.0	13	3.90	4.728	99.83	84.6	0	3.90	4.914	102.24	81.4	6
2.00	5.172	121.63	87.0	0	4.00	4.773	99.38	83.8	6	4.00	4.866	103.23	82.2	6
2.05	5.172	121.84	87.0	0	4.10	4.684	99.83	85.4	26	4.10	4.819	100.17	83.0	6
2.10	5.034	121.56	89.4	115	4.20	4.556	97.33 *	87.8	58	4.20	4.866	99.47	82.2	6
2.15	5.079	121.84	88.6	13	4.30	4.556	98.91	87.8	0	4.30	4.684	100.50	85.4	102
2.20	5.079	121.84	88.6	0	4.40	4.598	98.42 *	87.0	6	4.40	4.515	99.10	88.6	102
2.25	5.034	121.63	89.4	13	4.50	4.684	97.33 *	85.4	26	4.50	4.598	99.83	87.0	26
2.30	5.125	119.83	87.8	51	4.60	4.773	98.42 *	83.8	26	4.60	4.640	98.72	86.2	6
2.35	5.034	118.21	89.4	51	4.70	5.333	101.41	75.0	774	4.70	4.728	98.72	84.6	26
2.40	5.034	117.21	89.4	0	4.80	4.640	101.41	86.2	1254	4.80	4.728	100.50	84.6	0
2.45	5.125	115.53	87.8	51	4.90	4.598	100.25	87.0	6	4.90	4.640	102.50	86.2	26
2.50	5.172	114.64	87.0	13	5.00	4.515	98.91	88.6	26	5.00	4.556	101.70	87.8	26
2.55	5.172	114.31	87.0	0	5.10	4.073	108.29	98.2	922	5.10	4.556	99.47	87.8	0
2.60	5.125	114.46	87.8	13	5.20	4.107	109.22	97.4	6	5.20	4.556	99.47	87.8	0
2.65	5.125	114.48	87.8	0	5.30	4.474	97.89 *	89.4	640	5.30	4.435	95.39 *	90.2	58
2.70	4.989	114.48	90.2	115	5.40	4.556	96.73 *	87.8	26	5.40	4.141	110.04	96.6	410
2.75	4.902	114.64	91.8	51	5.50	4.556	98.91	87.8	0	5.50	4.515	98.72	88.6	640
2.80	4.902	114.48	91.8	0	5.60	4.598	100.25	87.0	6	5.60	4.640	99.83	86.2	58
2.85	4.945	114.79	91.0	13	5.70	4.556	101.41	87.8	6	5.70	4.684	99.47	85.4	6
2.90	5.220	87.86	86.2	461	5.80	4.515	99.38	88.6	6	5.80	4.556	98.31	87.8	58
2.95	5.220	87.86	86.2	0	5.90	4.515	98.42 *	88.6	0	5.90	4.474	95.39 *	89.4	26
3.00	5.269	87.86	85.4	13	6.00	4.474	96.73 *	89.4	6	6.00	4.515	98.72	88.6	6
3.05	5.696	78.72 *	79.0	819	6.10	4.073	106.87	98.2	774	6.10	4.640	99.10	86.2	58
3.10	5.583	77.44 *	80.6	51	6.20	4.008	108.77	99.8	26	6.20	4.556	96.48 *	87.8	26
3.15	6.000	70.46 *	75.0	627	6.30	4.515	97.89 *	88.6	1254	6.30	4.107	107.14	97.4	922
3.20	5.639	78.91 *	79.8	461	6.40	4.556	98.42 *	87.8	6	6.40	4.515	96.48 *	88.6	774
3.25	5.639	79.10 *	79.8	0	6.50	4.515	100.66	88.6	6	6.50	4.515	98.31	88.6	0
3.30	5.814	80.00 *	77.4	115	6.60	4.357	98.91	91.8	102	6.60	4.515	97.89	88.6	0
3.35	5.696	78.72 *	79.0	51	6.70	4.474	100.66	89.4	58	6.70	4.515	100.50	88.6	0
3.40	5.814	73.08 *	77.4	51	6.80	4.435	102.11	90.2	6	6.80	4.283	97.89	93.4	230
3.45	6.267	76.22 *	71.8	627	6.90	4.396	102.11	91.0	6	6.90	4.515	100.81	88.6	230
3.50	5.814	77.67 *	77.4	627	7.00	4.474	99.38	89.4	26	7.00	4.435	101.12	90.2	26
3.55	5.754	78.10 *	78.2	13	7.10	4.474	99.38	89.4	0	7.10	4.396	100.50	91.0	6
3.60	5.754	81.41 *	78.2	0	7.20	4.515	96.73 *	88.6	6	7.20	4.556	99.83	87.8	102
3.65	5.937	79.10 *	75.8	115	7.30	4.474	97.89 *	89.4	6	7.30	4.515	98.31	88.6	6
3.70	6.000	76.73 *	75.0	13	7.40	4.357	98.91	91.8	58	7.40	4.640	94.79 *	86.2	58
3.75	6.267	76.97 *	71.8	205	7.50	4.435	97.89 *	90.2	26	7.50	4.474	94.79 *	89.4	102
3.80	6.000	75.39 *	75.0	205	7.60	3.976	109.37	100.6	1082	7.60	4.396	96.97 *	91.0	26
3.85	6.131	78.31 *	73.4	51	7.70	4.435	97.33 *	100.6	1082	7.70	3.945 *	106.99	101.4	1082
3.90	6.065	78.31 *	74.2	13	7.80	4.396	99.83	91.0	6	7.80	3.945 *	104.54	101.4	0
3.95	6.131	76.73 *	73.4	13	7.90	4.396	100.25	91.0	0	7.90	4.435	99.47	90.2	1254
4.00	6.267	75.10 *	71.8	51	8.00	4.396	100.66	91.0	0	8.00	4.357	100.17	91.8	26
4.05	6.000	72.70 *	75.0	205	8.10	4.396	102.43	91.0	6	8.10	4.515	99.83	88.6	102
4.10	6.000	73.81 *	75.0	0	8.20	4.435	99.83	90.2	6	8.20	4.435	98.72	90.2	26
4.15	5.937	69.37 *	75.8	13	8.30	4.040	107.25	99.0	774	8.30	4.474	99.83	89.4	6
4.20	6.000	71.42 *	75.0	13	8.40	4.283	96.73 *	93.4	314	8.40	4.435	98.72	90.2	6
4.25	6.338	69.93 *	71.0	320	8.50	4.396	100.66	91.0	58	8.50	4.008 *	105.49	99.8	922
4.30	5.937	69.93 *	75.8	461	8.60	4.357	100.66	91.8	6	8.60	4.396	97.89	91.0	774
4.35	5.422	87.50	83.0	1037	8.70	4.396	100.66	91.0	6	8.70	4.396	97.89	91.0	0
4.40	6.065	70.95 *	74.2	1549	8.80	4.320	98.91	92.6	26	8.80	4.435	98.72	90.2	26
4.45	6.000	76.22 *	75.0	13	8.90	4.396	98.42 *	91.0	26	8.90	4.357	98.72	91.8	26
4.50	6.131	83.58 *	73.4	51	9.00	4.357	98.42 *	91.8	6	9.00	4.320	99.10	92.6	6
4.55	5.875	77.21 *	76.6	205	9.10	3.883	108.29	103.0	1254	9.10	4.396	96.97 *	91.0	26

数据列表　　　　　　　　　　　　　　　　　表 14-13

基桩编号	32-3	桩径		桩顶标高		测试日期		2011 年 05 月 01 日
设计标号		桩长		检测深度		灌注日期		

11 测距:450mm					11 测距:400mm					11 测距:400mm				
深度 m	声速 km/s	波幅 dB	声时 us	PSD us^2/m	深度 m	声速 km/s	波幅 dB	声时 us	PSD us^2/m	深度 m	声速 km/s	波幅 dB	声时 us	PSD us^2/m
4.60	6.000	75.39 *	75.0	51	9.20	4.320	97.33 *	92.6	1082	9.20	4.396	97.89	91.0	0
4.65	6.560	74.15 *	68.6	819	9.30	3.914	108.13	102.2	922	9.30	4.435	95.95 *	90.2	6
4.70	6.065	75.39 *	74.2	627	9.40	4.283	99.83	93.4	774	9.40	4.320	96.97 *	92.6	58
4.75	6.000	76.22 *	75.0	13	9.50	4.357	97.89 *	91.8	26	9.50	4.435	95.39 *	90.2	58
4.80	6.065	69.93 *	74.2	13	9.60	3.914	105.17	102.2	1082	9.60	4.357	98.31	91.8	26
4.85	5.639	87.43	79.8	627	9.70	4.320	100.66	92.6	922	9.70	4.396	95.39 *	91.0	6
4.90	6.000	68.77 *	75.0	461	9.80	4.283	98.42 *	93.4	6	9.80	4.396	95.39 *	91.0	0
4.95	6.065	72.29 *	74.2	13	9.90	4.283	100.66	93.4	0	9.90	4.283	97.89	93.4	58
5.00	5.814	75.10 *	77.4	205	10.00	4.246	101.41	94.2	6	10.00	4.320	98.72	92.6	6
5.05	5.814	80.33 *	77.4	0	10.10	4.175	99.38	95.8	26	10.10	4.283	99.34	93.4	6
5.10	5.876	76.73 *	76.6	13	10.20	3.854	99.66	103.8	640	10.20	4.211	97.89	95.0	26
5.15	5.875	77.67 *	76.6	0	10.30	3.914	110.20	102.2	26	10.30	4.246	99.83	94.2	6
5.20	5.937	75.95 *	75.8	13	10.40	3.976	109.93	100.6	26	10.40	4.283	97.89	93.4	6
5.25	6.000	73.08 *	75.0	13	10.50	4.357	95.39 *	91.8	774	10.50	4.320	97.44 *	92.6	6
5.30	5.754	83.91 *	78.2	205	10.60	3.914	105.85	102.2	1082	10.60	4.435	97.44 *	90.2	58
5.35	5.814	80.97 *	77.4	13	10.70	3.711 *	95.39 *	107.8	314	10.70	4.515	98.10	88.6	26
5.40	5.814	76.48 *	77.4	0	10.80	3.683 *	93.81 *	108.6	6	10.80	4.008 *	106.83	99.8	1254
5.45	5.937	78.31 *	75.8	51	10.90	3.317 *	89.37 *	120.6	1440	10.90	3.976 *	102.50	100.6	6
5.50	5.754	75.39 *	78.2	115	11.00	3.795 *	93.81 *	105.4	2310	11.00	3.854 *	97.67	103.8	102
5.55	5.937	74.79 *	75.8	115	11.10	4.008	103.35	99.8	314	11.10	3.454 *	100.17	115.8	1440
5.60	5.875	78.72 *	76.6	13	11.20	3.945	106.68	101.4	26	11.20	3.914 *	88.77 *	102.2	1850
5.65	5.754	82.87 *	78.2	51	11.30	4.008	102.11	99.8	26	11.30	4.040 *	102.87	99.0	102
5.70	5.754	75.68 *	78.2	13	11.40	4.773	85.85 *	83.8	2560	11.40	3.976 *	103.23	100.6	26
5.75	5.696	69.93 *	79.0	13	11.50	4.598	105.85	87.0	102	11.50	4.773	91.42 *	83.8	2822
5.80	5.754	75.10 *	78.2	13	11.60	4.728	110.20	84.6	58	11.60	4.640	96.48 *	86.2	58
5.85	5.696	77.44 *	79.0	13	11.70	4.474	111.42	89.4	230	11.70	4.474	100.66	89.4	102
5.90	5.696	77.89 *	79.0	0	11.80	4.396	117.09	91.0	26	11.80	4.515	105.40	88.6	6
5.95	5.696	79.29 *	79.0	0	11.90	4.357	117.21	91.8	6	11.90	4.474	107.96	89.4	6
6.00	5.696	76.73 *	79.0	0	12.00	4.357	117.33	91.8	0	12.00	4.435	109.08	90.2	6
6.05	5.814	78.52 *	77.4	51										
6.10	5.754	77.89 *	78.2	13										
6.15	5.875	76.73 *	76.6	51										
6.20	5.875	77.44 *	76.6	0										
6.25	6.198	81.70 *	72.6	320										
6.30	5.639	77.44 *	79.8	1037										
6.35	5.754	70.46 *	78.2	51										
6.40	5.814	69.37 *	77.4	13										
6.45	5.639	70.46 *	79.8	115										
6.50	5.528	59.37 *	81.4	51										
6.55	5.696	14.15 *	79.0	115										
6.50	5.269	87.58	85.4	819										
6.65	5.754	10.95 *	78.2	1037										
6.70	5.754	72.29 *	78.2	0										
6.75	6.000	74.15 *	75.0	205										
6.80	5.696	76.22 *	79.0	320										
6.85	5.583	75.68 *	80.6	51										
6.90	5.474	71.87 *	82.2	51										
6.95	5.528	73.08 *	81.4	13										
7.00	5.474	69.93 *	82.2	13										
7.05	5.639	71.87 *	79.8	115										
7.10	5.474	75.10 *	82.2	115										
7.15	5.474	74.15 *	82.2	0										
7.20	5.079	87.65	88.6	819										

表 14-14

基桩编号	32-3	桩径		桩顶标高		测试日期	2011 年 05 月 01 日	N
设计标号		桩长		检测深度		灌注日期		

11 测距:450mm					11 测距:400mm					11 测距:400mm				
深度	声速	波幅	声时	PSD	深度	声速	波幅	声时	PSD	深度	声速	波幅	声时	PSD
m	km/s	dB	us	us^2/m	m	km/s	dB	us	us^2/m	m	km/s	dB	us	us^2/m
7.25	5.528	71.42 *	81.4	1037										
7.30	5.583	75.39 *	80.6	13										
7.35	5.875	74.79 *	76.6	320										
7.40	5.814	73.08 *	77.4	13										
7.45	5.875	75.10 *	76.6	13										
7.50	5.814	73.45 *	77.4	13										
7.55	5.583	79.29 *	80.6	205										
7.60	5.875	80.97 *	76.6	320										
7.65	5.639	81.56 *	79.8	205										
7.70	5.583	85.49 *	80.6	13										
7.75	5.583	86.11 *	80.6	0										
7.80	5.696	79.29 *	79.0	51										
7.85	6.198	82.87 *	72.6	819										
7.90	5.696	80.00 *	79.0	819										
7.95	5.639	81.27 *	79.8	13										
8.00	5.583	79.10 *	80.6	13										
8.05	5.583	78.10 *	80.6	0										
8.10	5.583	82.24 *	80.6	0										
8.15	5.639	81.12 *	79.8	13										
8.20	5.639	75.10 *	79.8	0										
8.25	5.528	75.10 *	81.4	51										
8.30	5.528	81.12 *	81.4	0										
8.35	5.583	83.58 *	80.6	13										
8.40	5.474	81.84 *	82.2	51										
8.45	5.528	73.08 *	81.4	13										
8.50	5.639	79.65 *	79.8	51										
8.55	5.639	76.73 *	79.8	0										
8.60	5.639	75.68 *	79.8	0										
8.65	6.637	69.93 *	67.8	2880										
8.70	5.528	77.89 *	81.4	3699										
8.75	5.034	101.12	89.4	1280										
8.80	4.509	112.70	99.8	2163										
8.85	4.473	113.08	100.6	13										
8.90	4.989	100.25	90.2	2163										
8.95	5.034	100.50	89.4	13										
9.00	4.989	103.69	90.2	13										
9.05	5.034	98.31	89.4	13										
9.10	4.945	100.33	91.0	51										
9.15	4.989	100.50	90.2	13										
9.20	5.079	98.52	88.6	51										
9.25	5.079	99.29	88.6	0										
9.30	5.034	99.83	89.4	13										
9.35	4.989	99.47	90.2	13										
9.40	5.034	96.73	89.4	13										
9.45	5.034	97.89	89.4	0										
9.50	4.945	97.21	91.0	51										
9.55	5.034	93.81	89.4	51										
9.60	5.034	94.15	89.4	0										
9.65	5.034	97.44	89.4	0										
9.70	5.034	98.10	89.4	0										
9.75	4.902	97.89	91.8	115										
9.80	4.902	97.89	91.8	0										
9.85	4.945	97.67	91.0	13										

基桩编号	32-3	桩径		桩顶标高		测试日期	2011 年 05 月 01 日
设计标号		桩长		检测深度		灌注日期	

11 测距:450mm					11 测距:400mm					11 测距:400mm				
深度	声速	波幅	声时	PSD	深度	声速	波幅	声时	PSD	深度	声速	波幅	声时	PSD
m	km/s	dB	us	us^2/m	m	km/s	dB	us	us^2/m	m	km/s	dB	us	us^2/m
9.90	4.945	99.65	91.0	0										
9.95	4.902	99.65	91.8	13										
10.00	4.902	101.12	91.8	0										
10.05	4.902	101.12	91.8	0										
10.10	4.945	100.50	91.0	13										
10.15	4.902	101.41	91.8	13										
10.20	4.945	100.50	91.0	13										
10.25	4.902	100.81	91.8	13										
10.30	4.945	100.50	91.0	13										
10.35	4.818	97.44	93.4	115										
10.40	4.860	96.22	92.6	13										
10.45	4.860	94.79	92.6	0										
10.50	4.818	95.10	93.4	13										
10.55	4.818	94.79	93.4	0										
10.60	4.989	95.39	90.2	205										
10.65	5.079	95.10	88.6	51										
10.70	4.989	95.68	90.2	51										
10.75	5.370	90.46	83.8	819										
10.80	5.079	100.00	88.6	461										
10.85	4.620	107.86	97.4	1549										
10.90	4.545	107.79	99.0	51										
10.95	4.582	106.27	98.2	13										
11.00	4.509	104.84	99.8	51										
11.05	4.582	98.31	98.2	51										
11.10	4.582	100.50	98.2	0										
11.15	4.237 *	98.72	106.2	1280										
11.20	4.025 *	99.65	111.8	627										
11.25	3.659 *	99.83	123.0	2509										
11.30	4.860	90.95	92.6	18483										
11.35	5.220	95.10	86.2	819										
11.40	5.319	99.10	84.6	51										
11.45	5.125	102.24	87.8	205										
11.50	5.220	103.35	86.2	51										
11.55	5.172	104.12	87.0	13										
11.60	5.125	103.91	87.8	13										
11.85	5.125	102.37	87.8	0										
11.70	5.220	100.81	86.2	51										
11.75	5.079	98.31	88.6	115										
11.80	5.125	98.52	87.8	13										
11.85	5.034	100.81	89.4	51										
11.90	4.902	103.69	91.8	115										
11;95	4.860	107.58	92.6	13										
12.00	4.860	107.86	92.6	0										

通过以上三个检测实例可以看出，每一种完整性检测方法有它的局限性。所以，建议对单桩单柱的桥梁桩，按规范要求的同时采用两种以上的完整性检测方法，进行桩身完整性检测。见图 14-16。

图 14-16　声波透射现场检测照片

本章参考文献：

[1]　中华人民共和国行业标准. 建筑基桩检测技术规范 JGJ 106—2014 [S]. 北京：中国建筑工业出版社，2014.

[2]　陈凡，徐天平，陈久照，关立军. 基桩质量检测技术 [M]. 北京：中国建筑工业出版社，2003.